Devoirs surveillés

2^de^

collection dirigée par Pascal Clavier

MATHS

Conforme au nouveau programme

David Azuelos

ellipses

Dans la collection **Devoirs Surveillés**

Troisième

- *Mathématiques,* Nathalie Chalard, Isabelle Étévé, 2008.

Seconde

- *Mathématiques*, 2e édition, David Azuelos, 2010.
- *Physique-Chimie*, 2e édition, Lydie Clolus, Sophie Thomas, à paraître.

Première S

- *Mathématiques*, Yoan Lee, 2008.
- *Physique-Chimie*, David Latouche, Valéry Quedru, 2008.

Terminale S

- *Mathématiques - enseignement obligatoire*, Bruno Ciolfi, 2008.
- *Mathématiques - enseignement de spécialité*, Claudette Marion, 2008.
- *Physique-Chimie - enseignement obligatoire*, Vincent Davoine, Noémie Weber, 2008.
- *Physique-Chimie - enseignement de spécialité*, Jean-Luc Bousquet, Josiane Levy, 2008.

Terminale STG

- *Mathématiques*, Stéphanie Wong, 2008.

ISBN 978-2-7298-6078-3

www.editions-ellipses.fr

Table des matières

Partie 3. Corrigés des devoirs surveillés........ 157

Résumé de cours
et
exercices d'application

1
Ensembles de nombres
Egalités. Inégalités
Equations. Inéquations

1. DIFFERENTS ENSEMBLES DE NOMBRES

1.1. Ensembles de nombres

On rappelle les notations suivantes :
$\mathbb{N}$: ensemble des entiers naturels ;
$\mathbb{Z}$: ensemble des entiers relatifs ;
$\mathbb{D}$: ensemble des nombres décimaux ;
$\mathbb{Q}$: ensemble des nombres rationnels ;
$\mathbb{R}$: ensemble des nombres réels.
Ces ensembles sont inclus les uns dans les autres : $\mathbb{N} \subset \mathbb{Z} \subset \mathbb{D} \subset \mathbb{Q} \subset \mathbb{R}$.
L'inclusion $\mathbb{D} \subset \mathbb{Q}$ par exemple signifiant simplement que tout nombre décimal est un nombre rationnel particulier.
On a aussi les sous-ensembles de $\mathbb{R}$: $\mathbb{R}_+$ (ensemble des réels positifs), $\mathbb{R}_-$ (ensemble des réels négatifs), $\mathbb{R}^*$ (ensemble des réels non nuls), symboles que l'on peut combiner. Par exemple, $\mathbb{R}_+^*$ désigne l'ensemble des réels strictement positifs.

✍ Exercice d'application 1

Déterminer, parmi les ensembles cités ci-dessus, le plus petit auquel appartiennent les nombres suivants (par exemple, le plus petit ensemble auquel appartient le nombre $\frac{2}{3}$ est $\mathbb{Q}$, car $\frac{2}{3} \in \mathbb{Q}$ mais $\frac{2}{3} \notin \mathbb{D}$) : -3 ; $\frac{10}{5}$; $-\frac{7}{8}$; $-\frac{8}{7}$; 3,14 ; π.

- $-3 \notin \mathbb{N}$ et :

$$\boxed{-3 \in \mathbb{Z}}$$

- $\dfrac{10}{5} = 2$ donc :

$$\boxed{\frac{10}{5} \in \mathbb{N}}$$

- $-\dfrac{7}{8} = -0{,}875$ (nombre fini de chiffres après la virgule), donc $-\dfrac{7}{8} \notin \mathbb{Z}$ et :

$$\boxed{-\frac{7}{8} \in \mathbb{D}}$$

- L'écriture décimale de $-\dfrac{8}{7}$ comporte une infinité de chiffres après la virgule, donc $-\dfrac{8}{7} \notin \mathbb{D}$ et :

$$\boxed{-\frac{8}{7} \in \mathbb{Q}}$$

- Clairement, $3{,}14 \notin \mathbb{Z}$ et :

$$\boxed{3{,}14 \in \mathbb{D}}$$

- $\pi \notin \mathbb{Q}$ (résultat non évident… et dont la démonstration est impossible en seconde ; nous l'admettrons donc) et :

$\boxed{\pi \in \mathbb{R}}$ (évidemment).

1.2. Intervalles de $\mathbb{R}$

a et *b* étant deux réels donnés (avec $a \leq b$), on note $[a\ ;\ b]$ l'ensemble de tous les nombres réels compris entre *a* et *b*, c'est-à-dire l'ensemble des nombres à la fois supérieurs (ou égaux) à *a* et inférieurs (ou égaux) à *b* :
Dire que $x \in [a\ ;\ b]$ revient à dire que $a \leq x \leq b$.

On note $[a\ ;\ +\infty[$ (respectivement $]-\infty\ ;\ a]$) l'ensemble des nombres supérieurs ou égaux à *a* (respectivement inférieurs ou égaux à *a*).
On définit de la même façon les intervalles $]a\ ;\ b[$ (remplacer dans l'encadrement les inégalités larges par des inégalités strictes), $[a\ ;\ b[$, $]a\ ;\ +\infty[$, etc.

La *réunion* de deux intervalles est l'ensemble des nombres qui appartiennent à l'un *ou* à l'autre des deux intervalles. La réunion de deux intervalles I et J est notée $I \cup J$.

✍ Exercice d'application 2

Compléter le tableau suivant :

Intervalle(s)	Inégalité(s)
$x \in [2\ ;\ 4]$	
	$x > -1$
	$-2 < x \leq 3$
$x \in]-\infty\ ;\ 1]$	
$x \in]\sqrt{2}\ ;\ +\infty[$	
	$x > 2$ et $x < 5$
	$x > 4$ ou $x \leq -3$
$x \in [0\ ;\ 1] \cup]3\ ;\ +\infty[$	

Corrigé

Intervalle(s)	Inégalité(s)
$x \in [2\ ;\ 4]$	$2 \leq x \leq 4$
$x \in]-1\ ;\ +\infty[$	$x > -1$
$x \in]-2\ ;\ 3]$	$-2 < x \leq 3$
$x \in]-\infty\ ;\ 1]$	$x \leq 1$
$x \in]\sqrt{2}\ ;\ +\infty[$	$x > \sqrt{2}$
$x \in]2\ ;\ 5[$	$x > 2$ et $x < 5$
$x \in]-\infty\ ;\ -3] \cup]4\ ;\ +\infty[$	$x > 4$ ou $x \leq -3$
$x \in [0\ ;\ 1] \cup]3\ ;\ +\infty[$	$0 \leq x \leq 1$ ou $x > 3$

Remarques :

- Ces différents intervalles peuvent être représentés graphiquement sur un axe ; par exemple, pour l'intervalle $]-2\ ;\ 3]$:

- La réunion de deux intervalles (ou plus, le cas échéant), doit être écrite "dans le bon ordre" ; par exemple, il serait incorrect d'écrire $]4\ ;\ +\infty[\cup]-\infty\ ;\ -3]$ au lieu de $]-\infty\ ;\ -3]\cup]4\ ;\ +\infty[$.

2. METHODES DE DEMONSTRATION D'UNE EGALITE

Pour démontrer une égalité du type $A = B$, on peut :

- Partir de l'expression de A et effectuer les calculs nécessaires pour trouver B.
- Calculer la différence $A - B$ et tenter de trouver 0.
- Calculer séparément A et B et tenter de trouver le même résultat dans les deux cas.
- Utiliser une égalité connue et effectuer des opérations (ajouter à gauche et à droite de l'égalité un même nombre, multiplier par un même nombre, etc.) permettant d'arriver à l'égalité demandée.

Remarque :

Il serait absurde de partir de l'égalité demandée pour arriver à la fin du calcul à une égalité du type " $0 = 0$ " ! En aucun cas, on ne doit partir de ce qu'on doit démontrer.

✍ Exercice d'application 3

On pose : $a = \sqrt{2} - 1$.

Démontrer que $a^2 + 2a = 1$ et que $\dfrac{1}{a} = a + 2$.

Corrigé

1ère méthode : on va calculer a^2+2a et tâcher de trouver 1.

$$a^2+2a=\left(\sqrt{2}-1\right)^2+2\left(\sqrt{2}-1\right)$$

$$=\sqrt{2}^2-2\times\sqrt{2}\times 1+1^2+2\sqrt{2}-2$$

Rappel : $(a-b)^2=a^2-2ab+b^2$

$$=2-2\sqrt{2}+1+2\sqrt{2}-2$$

$$=1.$$

On peut bien conclure que :

$$\boxed{a^2+2a=1}$$

2ème méthode : on va partir d'une égalité connue (ici, il n'y a pas tellement de choix : $a=\sqrt{2}-1$) et on va arriver à l'égalité demandée.

$a=\sqrt{2}-1$, donc $a+1=\sqrt{2}$. En élevant au carré : $(a+1)^2=\sqrt{2}^2$. On développe : $a^2+2a+1=2$. Il vient alors :

$$\boxed{a^2+2a=1}$$

Cette dernière méthode est clairement plus rapide et moins calculatoire ; elle nécessite cependant plus d'intuition que la première méthode exposée afin de trouver les différentes étapes du calcul.

Pour la deuxième égalité à démontrer, on va proposer trois méthodes.

1ère méthode : commençons par calculer $\frac{1}{a}$. Avec un peu de chance, on trouvera $a+2$. Sinon, on calculera également $a+2$.

$\frac{1}{a}=\frac{1}{\sqrt{2}-1}=\frac{1\left(\sqrt{2}+1\right)}{\left(\sqrt{2}-1\right)\left(\sqrt{2}+1\right)}$ (on multiplie numérateur et dénominateur par le même nombre, ici $\sqrt{2}+1$, de façon à obtenir un dénominateur s'écrivant sans racines, ce dont le lecteur sera convaincu dans quelques lignes – cette technique est connue sous le nom de *quantité conjuguée*).

$$\frac{1}{a}=\frac{\sqrt{2}+1}{\sqrt{2}^2-1^2}$$

Rappel : $(a-b)(a+b)=a^2-b^2$

$$\frac{1}{a}=\frac{\sqrt{2}+1}{2-1}=\sqrt{2}+1.$$

Comme on ne reconnaît pas dans ce résultat $a+2$ (quoique…), on va calculer $a+2$:

$$a+2=\sqrt{2}-1+2=\sqrt{2}+1.$$

Les deux calculs de $\frac{1}{a}$ et de $a+2$ donnent le même résultat, ce qui permet de conclure que :

$$\boxed{\frac{1}{a}=a+2}$$

2ème méthode : on va calculer la différence $\frac{1}{a}-(a+2)$ et tâcher de trouver 0.

$$\begin{aligned}\frac{1}{a}-(a+2)&=\frac{1}{a}-\frac{a(a+2)}{a}\\&=\frac{1-a(a+2)}{a}\\&=\frac{1-(a^2+2a)}{a}.\end{aligned}$$

Or, on a démontré précédemment que $a^2+2a=1$. Dans l'égalité ci-dessus, on peut donc remplacer a^2+2a par 1 :

$$\frac{1}{a}-(a+2)=\frac{1-1}{a}=\frac{0}{a}=0.$$

On a bien $\frac{1}{a}-(a+2)=0$ ce qui permet de conclure que :

$$\boxed{\frac{1}{a}=a+2}$$

3ème méthode : on va partir d'une égalité conne pour arriver à l'égalité demandée.
On sait que $a^2+2a=1$. En divisant les deux membres de cette égalité par a, on obtient :

$\frac{a^2}{a}+\frac{2a}{a}=\frac{1}{a}$. En simplifiant :

$$\boxed{a+2=\frac{1}{a}}$$

3. METHODES DE DEMONSTRATION D'UNE INEGALITE

Pour démontrer une inégalité du type $A\leq B$, on peut :

- Calculer la différence $A-B$ et tenter de trouver un résultat négatif (ou bien calculer la différence $B-A$ et tenter de trouver un résultat positif).
- Prouver qu'il existe un nombre C tel que $A\leq C$ et $C\leq B$.

- Partir d'une inégalité connue et effectuer des opérations (ajouter à gauche et à droite de l'égalité un même nombre, multiplier par un même nombre, etc.) permettant d'arriver à l'inégalité demandée.

Remarques :

- La première méthode exposée ci-dessus est de loin la plus générale et la plus utilisée (du moins en seconde) ;
- Attention que les inégalités se manipulent avec plus de soin que les égalités ; retenons pour l'instant les deux *théorèmes de rangement* suivants :
  - Si $A \leq B$, alors, pour tout nombre K : $A+K \leq B+K$ et $A-K \leq B-K$ (on peut ajouter ou soustraire un même nombre à gauche et à droite d'une inégalité).
  - Si $A \leq B$, alors, pour tout nombre K : $KA \leq KB$ si $K \geq 0$ et $KA \geq KB$ si $K \leq 0$ (on peut multiplier par un même nombre à gauche et à droite d'une inégalité sans changer le sens de l'inégalité si ce nombre est positif, en changeant le sens de l'inégalité si ce nombre est négatif).
- *Comparer* deux nombres A et B, c'est déterminer si $A \leq B$ ou si $A \geq B$. D'après la première méthode ci-dessus, pour comparer deux nombres, on doit donc calculer leur différence et étudier le signe du résultat.

✍ Exercice d'application 3

Comparer les nombres suivants :

a) $\frac{4}{5}$ et $\frac{5}{6}$; **b)** $\frac{3}{\pi}$ et $\frac{\pi}{3}$; **c)** x^2 et $2x-1$ (où x est un réel quelconque).

d) $1-10^{-20}$ et $\frac{1}{1+10^{-20}}$ (on pourra poser $a=10^{-20}$).

Corrigé

Dans chacun des quatre cas, on va calculer la différence des deux nombres proposés et étudier le signe du résultat.

a) $\frac{4}{5}-\frac{5}{6}=\frac{4\times 6}{5\times 6}-\frac{5\times 5}{6\times 5}$

$=\frac{24-25}{30}=\frac{-1}{30}.$

Or $\frac{-1}{30}<0$, donc :

$$\boxed{\frac{4}{5} < \frac{5}{6}}$$

b) $\frac{3}{\pi} - \frac{\pi}{3} = \frac{9-\pi^2}{3\pi}$.

Comme on ne connaît pas le signe de $9-\pi^2$, il faut continuer le calcul ; l'idée est de factoriser le plus possible, car on a une règle des signes pour un produit ou pour un quotient, mais pas pour une somme ou une différence :

$\frac{3}{\pi} - \frac{\pi}{3} = \frac{(3-\pi)(3+\pi)}{3\pi}$. Il nous reste à étudier le signe de ce résultat. Pour cela, procédons par étapes :

D'une part, $3-\pi < 0$ (car on sait que $\pi > 3$) ; d'autre part, $3+\pi > 0$ (évident) et $3\pi > 0$ (tout aussi évident). La règle des signes permet alors d'affirmer que $\frac{(3-\pi)(3+\pi)}{3\pi} < 0$. On en déduit que :

$$\boxed{\frac{3}{\pi} < \frac{\pi}{3}}$$

Remarque : on aurait aussi pu remarquer que, puisque $\pi > 3$, on a $\frac{3}{\pi} < 1$ et $\frac{\pi}{3} > 1$, ce qui prouve que $\frac{3}{\pi} < \frac{\pi}{3}$.

c) $x^2 - (2x-1) = x^2 - 2x + 1$

$= (x-1)^2$.

Or $(x-1)^2 \geq 0$, donc :

$$\boxed{x^2 \geq 2x-1} \text{ pour tout } x.$$

d) Remarquons qu'ici la calculatrice n'est d'aucune aide, puisqu'elle affiche, dans le meilleur des cas, $1-10^{-20} = 1$ et $\frac{1}{1+10^{-20}} = 1$ … (N'oublions pas qu'une calculatrice ne fournit que des valeurs *approchées*).

Pour alléger les notations, posons $a = 10^{-20}$ et calculons la différence :

$$1 - a - \frac{1}{1+a} = \frac{(1-a)(1+a)-1}{1+a}$$

$$= \frac{1-a^2-1}{1+a}$$

$$= \frac{-a^2}{1+a}.$$

Or $a = 10^{-20}$ est positif, donc $1 + a > 0$. Bien sûr, $-a^2 < 0$. Donc $\dfrac{-a^2}{1+a} < 0$ et par conséquent :

$$\boxed{1 - 10^{-20} < \frac{1}{1+10^{-20}}}$$

4. EQUATIONS. INEQUATIONS

4.1. Equations du premier degré

Il s'agit des équations pouvant se ramener à une équation de la forme $ax = b$, où a et b sont deux réels donnés. Lorsque $a \neq 0$, cette équation possède une unique solution : $x = \dfrac{b}{a}$. Lorsque $a = 0$, l'équation peut avoir aucune solution (si $b \neq 0$) ou bien une infinité de solutions (si $b = 0$).

4.2. Equations autres que du premier degré

4.2.1 Méthode générale

La résolution s'effectue en trois étapes :

- On se ramène à une équation de la forme $A = 0$ ("on fait tout passer d'un même côté").
- On factorise A (en utilisant soit un facteur commun, soit une identité remarquable).
- On utilise le théorème : "un produit de facteurs est nul si, et seulement si l'un de ses facteurs est nul" pour se ramener à des équations du premier degré.

4.2.2 Cas particulier

Certaines équations peuvent se ramener à une équation de la forme $X^2 = a$ (où a est un nombre donné). On peut alors affirmer directement que :

- $X = \sqrt{a}$ ou $X = -\sqrt{a}$ lorsque $a > 0$;
- $X = 0$ lorsque $a = 0$;

- l'équation n'a pas de solution lorsque $a < 0$ (un carré ne peut pas être négatif).

4.2.3 Produit en croix

Certaines équations peuvent se ramener à une équation de la forme $\frac{A}{B} = \frac{C}{D}$. Le produit en croix permet d'écrire cette équation sous la forme $A \times D = B \times C$. On obtient alors une équation s'écrivant sans dénominateur, ce qui est souvent pratique.
Attention toutefois à l'éventuelle présence de *valeurs interdites* : les dénominateurs B et D doivent être non nuls. Il faut donc vérifier, après résolution, que les solutions trouvées n'annulent pas l'un ou l'autre.

✍ Exercice d'application 4

Résoudre les équations suivantes :
a) $\frac{1}{3}(2x-1) = 4\left(\frac{x}{6}+2\right)$; **b)** $(2x-1)^2 = 9$; **c)** $\frac{x}{x-3} = \frac{6}{2x-6}$.

Corrigé

a) Il s'agit d'une équation du premier degré.

$$\begin{aligned}\frac{1}{3}(2x-1) = 4\left(\frac{x}{6}+2\right) &\Leftrightarrow \frac{2}{3}x - \frac{1}{3} = \frac{4}{6}x + 8 \\ &\Leftrightarrow \frac{2}{3}x - \frac{4}{6}x = \frac{1}{3} + 8 \\ &\Leftrightarrow \frac{2}{3}x - \frac{2}{3}x = \frac{1}{3} + 8 \\ &\Leftrightarrow 0x = \frac{25}{8}.\end{aligned}$$

Clairement, il n'existe pas de nombre x vérifiant $0x = \frac{25}{8}$. Donc :

$$\boxed{\text{cette équation n'a pas de solution}}$$

b) Cette équation n'est pas du premier degré (si on développait, un terme en x^2 apparaîtrait).

1ère méthode : méthode générale.

$$\begin{aligned}(2x-1)^2=9 &\Leftrightarrow (2x-1)^2-9=0\\ &\Leftrightarrow (2x-1)^2-3^2=0\\ &\Leftrightarrow (2x-1-3)(2x-1+3)=0\\ &\Leftrightarrow (2x-4)(2x+2)=0\\ &\Leftrightarrow 2x-4=0 \text{ ou } 2x+2=0\\ &\Leftrightarrow 2x=4 \text{ ou } 2x=-2\end{aligned}$$

$$(2x-1)^2=9 \Leftrightarrow \boxed{x=2 \text{ ou } x=-1}$$

2ème méthode : utilisation du cas particulier.

$$\begin{aligned}(2x-1)^2=9 &\Leftrightarrow 2x-1=\sqrt{9} \text{ ou } 2x-1=-\sqrt{9}\\ &\Leftrightarrow 2x-1=3 \text{ ou } 2x-1=-3\\ &\Leftrightarrow 2x=4 \text{ ou } 2x=-2\end{aligned}$$

$$(2x-1)^2=9 \Leftrightarrow \boxed{x=2 \text{ ou } x=-1}$$

c) Remarquons que 3 est valeur interdite (3 annule les deux dénominateurs présents dans l'équation).

$$\begin{aligned}\frac{x}{x-3}=\frac{6}{2x-6} &\Leftrightarrow x(2x-6)=6(x-3)\\ &\Leftrightarrow x\times 2(x-3)-6(x-3)=0\\ &\Leftrightarrow (x-3)(2x-6)=0\\ &\Leftrightarrow x-3=0 \text{ ou } 2x-6=0\\ &\Leftrightarrow x=3 \text{ ou } x=3.\end{aligned}$$

Or 3 est valeur interdite, donc :

$$\boxed{\text{cette équation n'a pas de solution}}$$

4.3. Inéquations du premier degré

Il s'agit des inéquations pouvant se ramener à une inéquation de la forme $ax \le b$, $ax < b$, $ax \ge b$ ou $ax > b$, où a et b sont deux réels donnés.

Pour l'inéquation $ax \le b$:

- Lorsque $a > 0$, $ax \le b \Leftrightarrow x \le \frac{b}{a} \Leftrightarrow x \in \left]-\infty\ ;\ \frac{b}{a}\right]$.
- Lorsque $a < 0$, $ax \le b \Leftrightarrow x \ge \frac{b}{a} \Leftrightarrow x \in \left[\frac{b}{a}\ ;\ +\infty\right[$.

Les trois autres se résolvent de la même façon.

4.4. Inéquations autres du premier degré

4.4.1 Signe de $ax+b$

On le résume dans un *tableau de signes :*

x	$-\infty$	$-b/a$	$+\infty$
Signe de $ax+b$	Opposé du signe de a	0	Signe de a

4.4.2 Méthode générale de résolution

Pour résoudre une inéquation autre que du premier degré, il faut :

- Se ramener à une inéquation de la forme $A \leq 0$, $A < 0$, $A \geq 0$ ou $A > 0$ ("on fait tout passer d'un même côté").
- Transformer A en produit ou en quotient (donc factoriser ou réduire au même dénominateur).
- Dresser un tableau de signes dans lequel on fait figurer chacun des facteurs apparaissant dans l'écriture de A, puis appliquer la règle des signes pour déterminer le signe de A.
- Conclure en donnant les solutions de l'inéquation.

✍ Exercice d'application 5

Résoudre les inéquations suivantes :

a) $2(x-3) \leq x(x-3)$; **b)** $\dfrac{2x+1}{x+3} \geq 4$; **c)** $x^2(x+5) < 4(x+5)$.

Corrigé

a) On suit la méthode de résolution.

On fait tout passer d'un même côté :

$2(x-3) - x(x-3) \leq 0$.

On factorise (par $x-3$) :

$(2-x)(x-3) \leq 0$.

On s'est ainsi ramené à l'étude du signe d'un produit, on peut donc dresser un tableau de signes :

x	$-\infty$		2		3		$+\infty$	
signe de $2-x$		$+$	0	$-$		$-$		(car -1 est négatif)
signe de $x-3$		$-$		$-$	0	$+$		(car 1 est positif)
signe de $(2-x)(x-3)$		$-$	0	$+$	0	$-$		(règle des signes)

Il nous reste à conclure :

$$(2-x)(x-3) \leq 0 \text{ lorsque } \boxed{x \in]-\infty ; 2] \cup [3 ; +\infty[}$$

b) Même méthode :

$\dfrac{2x+1}{x+3} - 4 \geq 0$.

On réduit au même dénominateur :

$\Leftrightarrow \dfrac{2x+1-4(x+3)}{x+3} \geq 0$

$\Leftrightarrow \dfrac{2x+1-4x-12}{x+3} \geq 0$

$\Leftrightarrow \dfrac{-2x-11}{x+3} \geq 0.$

On peut alors dresser un tableau de signes :

x	$-\infty$		$-11/2$		-3		$+\infty$	
signe de $-2x-11$		$+$	0	$-$	‖	$-$		(car $-2<0$)
signe de $x+3$		$-$		$-$	‖	$+$		(car $1>0$)
signe de $\dfrac{-2x-11}{x+3}$		$-$	0	$+$	‖	$-$		

La double barre en -3 signifie que -3 est valeur interdite (le dénominateur, $x+3$, ne doit pas être nul).

$$\text{On en déduit que } \frac{-2x-11}{x+3} \geq 0 \text{ lorsque } \boxed{x \in \left[-\frac{11}{2} ; -3\right[}$$

c) Sans changement :

$x^2(x+5) - 4(x+5) < 0$

$\Leftrightarrow (x^2-4)(x+5) < 0$

Mais cette factorisation n'est pas suffisante... Les seules quantités que l'on soit capable de faire figurer dans le tableau de signes sont celles de la forme $ax+b$. Il faut donc continuer la factorisation ; heureusement, on reconnaît dans x^2-4 une identité remarquable que l'on peut donc factoriser :

$(x-2)(x+2)(x+5) < 0.$

On peut maintenant dresser le tableau de signes :

x	$-\infty$		-5		-2		2		$+\infty$
signe de $x-2$		$-$		$-$		$-$	0	$+$	
signe de $x+2$		$-$		$-$	0	$+$		$+$	
signe de $x+5$		$-$	0	$+$		$+$		$+$	
signe de $(x-2)(x+2)(x+5)$		$-$	0	$+$	0	$-$	0	$+$	

On en déduit que $(x-2)(x+2)(x+5)<0$ lorsque $\boxed{x \in]-\infty\,;-5[\cup]-2\,;\,2[}$

2
Vecteurs et applications

1. GENERALITES

1.1. Repère, coordonnées d'un point

Un repère du plan est la donnée de deux axes orientés, gradués et ayant même origine. Cette origine commune est appelée origine du repère. L'un des axes est appelé axe des abscisses (souvent dessiné horizontalement), et l'autre axe des ordonnées. Si on appelle O l'origine du repère, I le point définissant l'unité sur l'axe des abscisses et J le point définissant l'unité sur l'axe des ordonnées, le repère est noté $(O\ ;\ I\ ,\ J)$.

Si les deux axes sont perpendiculaires, le repère est dit orthogonal.

Si, de plus, les unités sont les mêmes (autrement dit, si $OI = OJ$), le repère est dit orthonormé (ou orthonormal).

Tout point peut alors être repéré par son abscisse et son ordonnée, appelées coordonnées du point. Si A est un point quelconque, x_A son abscisse et y_A son ordonnée, on note $A(x_A\ ;\ y_A)$ (attention à l'ordre d'écriture : on commence toujours par écrire l'abscisse du point).

1.2. Vecteur

Etant donnés deux points A et B, le déplacement qu'il faut effectuer pour aller de A à B est noté $\overrightarrow{AB}$ (lire : "vecteur AB").

L'abscisse du vecteur $\overrightarrow{AB}$ est le déplacement qu'il faut effectuer en suivant l'axe des abscisses, et l'ordonnée du vecteur $\overrightarrow{AB}$ est le déplacement qu'il faut effectuer en suivant l'axe des ordonnées (il s'agit simplement de compter les carreaux).

Si on note x l'abscisse de $\overrightarrow{AB}$ et y l'ordonnée de $\overrightarrow{AB}$, on dit que x et y sont les coordonnées (ou les composantes) du vecteur $\overrightarrow{AB}$, et on note $\overrightarrow{AB}(x\ ;\ y)$, ou $\overrightarrow{AB}\left|\begin{matrix} x \\ y \end{matrix}\right.$, ou encore $\overrightarrow{AB}\begin{pmatrix} x \\ y \end{pmatrix}$.

Exemple :

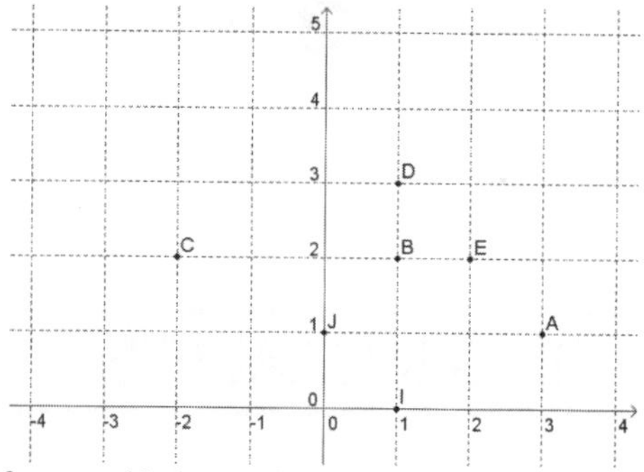

Pour aller de I à E, il faut se déplacer d'une unité vers la droite en suivant l'axe des abscisses (donc l'abscisse de $\overrightarrow{IE}$ vaut 1), et de deux unités vers le haut en suivant l'axe des ordonnées (donc l'ordonnée de $\overrightarrow{IE}$ vaut 2) ; donc $\overrightarrow{IE}(1\ ;\ 2)$.

De même : $\overrightarrow{CJ}(2\ ;\ -1)$, $\overrightarrow{AC}(-5\ ;\ 1)$, $\overrightarrow{JD}(1\ ;\ 2)$, $\overrightarrow{BC}(-3\ ;\ 0)$, $\overrightarrow{ID}(0\ ;\ 3)$.

Dans le cas général, si $A(x_A\ ;\ y_A)$ et $B(x_B\ ;\ y_B)$, les coordonnées de $\overrightarrow{AB}$ sont :

$$\boxed{\overrightarrow{AB}(x_B - x_A\ ;\ y_B - y_A)}$$

Remarque : En posant $\vec{i} = \overrightarrow{OI}$ et $\vec{j} = \overrightarrow{OJ}$, le repère $(O\ ;\ I\ ,\ J)$ est parfois noté $(O\ ;\ \vec{i}\ ,\vec{j})$.

1.3. Egalité de deux vecteurs

Deux vecteurs $\overrightarrow{AB}$ et $\overrightarrow{CD}$ sont égaux lorsque le déplacement à effectuer pour aller de A à B est le même que celui à effectuer pour aller de C à D. On dispose donc de deux caractérisations de l'égalité de deux vecteurs :

$\boxed{\overrightarrow{AB} = \overrightarrow{CD} \text{ si, et seulement si } ABDC \text{ est un parallélogramme}}$

$\boxed{\overrightarrow{AB} = \overrightarrow{CD} \text{ si, et seulement si ces deux vecteurs ont les mêmes coordonnées}}$

Avec l'exemple ci-dessus, on constate que les vecteurs $\overrightarrow{IE}$ et $\overrightarrow{JD}$ ont les mêmes coordonnées ; ils sont donc égaux, et le quadrilatère $IEDJ$ est un parallélogramme.

✍ Exercice d'application 1

Soit $A(-1\ ;\ 2)$, $B(4\ ;\ -2)$, $C(-4\ ;\ 0)$ et $D(1\ ;\ -4)$.

1. Calculer les coordonnées des vecteurs $\overrightarrow{AC}$ et $\overrightarrow{BD}$. Que peut-on en déduire ?
2. Déterminer les coordonnées du point E tel que $ACBE$ soit un parallélogramme.

Corrigé

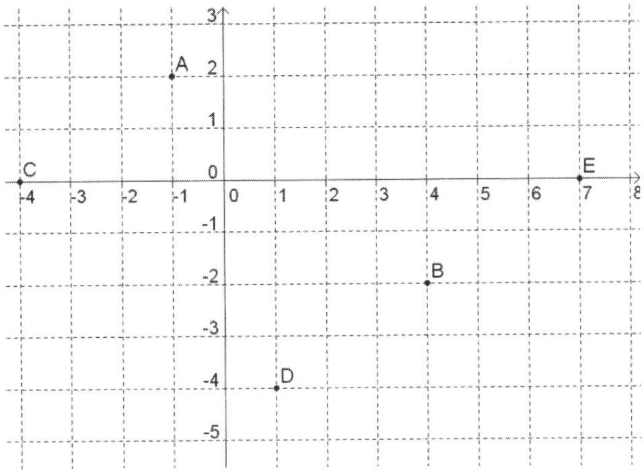

1. On a $\overrightarrow{AC}(x_C - x_A\ ;\ y_C - y_A)$; on remplace : $\overrightarrow{AC}(-4-(-1)\ ;\ 0-2)$, soit $\overrightarrow{AC}(-3\ ;\ -2)$ (ce qu'on peut vérifier graphiquement). De même, $\overrightarrow{BD}(x_D - x_B\ ;\ y_D - y_B)$, donc $\overrightarrow{BD}(1-4\ ;\ -4-(-2))$, soit $\overrightarrow{BD}(-3\ ;\ -2)$.

On constate que $\overrightarrow{AC}$ et $\overrightarrow{BD}$ ont les mêmes coordonnées, donc $\overrightarrow{AC} = \overrightarrow{BD}$ et, par suite :

$$\boxed{ACDB \text{ est un parallélogramme}}$$

2. On veut que $ACBE$ soit un parallélogramme, donc que $\overrightarrow{AC} = \overrightarrow{EB}$. Ces deux vecteurs doivent donc avoir des coordonnées égales : $\begin{cases} x_C - x_A = x_B - x_E \\ y_C - y_A = y_B - y_E \end{cases}$. On remplace : $\begin{cases} -4-(-1) = 4 - x_E \\ 0-2 = -2 - y_E \end{cases}$; $\begin{cases} -3-4 = -x_E \\ -2+2 = -y_E \end{cases}$ et donc $\begin{cases} 7 = x_E \\ 0 = y_E \end{cases}$. Par suite :

$$\boxed{E(7\ ;\ 0)}$$

(ce qu'on vérifie aisément sur le graphique).

2. PROPRIETES DES VECTEURS

2.1 Somme de deux vecteurs, produit par un réel

Soit $\vec{u}$ et $\vec{v}$ deux vecteurs. La somme des deux vecteurs $\vec{u}$ et $\vec{v}$, notée $\vec{u} + \vec{v}$, est le vecteur associé au déplacement obtenu en se déplaçant successivement du déplacement associé à $\vec{u}$, puis de celui associé à $\vec{v}$. Si $\vec{u}(x\ ;\ y)$ et $\vec{v}(x'\ ;\ y')$, le vecteur $\vec{u}+\vec{v}$ a pour coordonnées :

$$\boxed{\vec{u}+\vec{v}(x+x'\ ;\ y+y')}$$

Soit a un réel quelconque. Le vecteur $a\times\vec{u}$ (ou, plus simplement, $a\vec{u}$), est le vecteur de coordonnées :

$$\boxed{a\vec{u}(ax\ ;\ ay)}$$

2.2 Opposé d'un vecteur, vecteur nul

Etant donnés deux points $A(x_A\ ;\ y_A)$ et $B(x_B\ ;\ y_B)$, l'opposé du vecteur $\overrightarrow{AB}$, noté $-\overrightarrow{AB}$, est le vecteur de coordonnées $\left(-(x_B-x_A)\ ;\ -(y_B-y_A)\right)$ (d'après ci-dessus), c'est-à-dire $(x_A-x_B\ ;\ y_A-y_B)$, qui ne sont autres que les coordonnées du vecteur $\overrightarrow{BA}$; donc :

$$\boxed{-\overrightarrow{AB}=\overrightarrow{BA}}$$

Le vecteur nul, noté $\vec{0}$, est le vecteur correspondant à un déplacement nul. On a :

$$\boxed{\vec{0}(0\ ;\ 0)}$$

Bien sûr, on a (en examinant les coordonnées par exemple) :

$$\boxed{\overrightarrow{AB}+\overrightarrow{BA}=\vec{0}}$$

✍ Exercice d'application 2

Soit $A(-1\ ;\ 2)$, $B(2\ ;\ 1)$ et $C(0\ ;\ 3)$. Construire les points *D*, *E* et *F* définis par $\overrightarrow{AD}=2\overrightarrow{BC}$, $\overrightarrow{BE}=\overrightarrow{CB}-\overrightarrow{AC}$ et $2\overrightarrow{BF}+2\overrightarrow{BA}=\overrightarrow{BC}$, puis calculer les coordonnées de ces points.

Corrigé

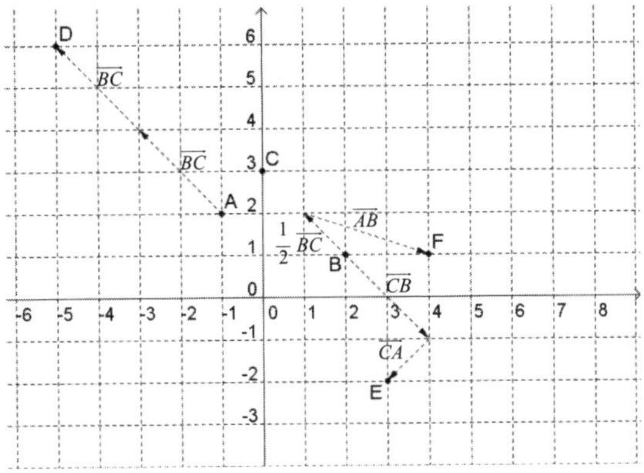

On a $\overrightarrow{AD} = 2\overrightarrow{BC}$; pour construire le point D, il faut donc se déplacer (en partant de A), de $2\overrightarrow{BC}$, c'est-à-dire de deux fois $\overrightarrow{BC}$.

On a $\overrightarrow{BE} = \overrightarrow{CB} - \overrightarrow{AC}$; pour construire le point E, il faut donc se déplacer (en partant de B) de $\overrightarrow{CB}$, puis de $-\overrightarrow{AC}$, c'est-à-dire de $\overrightarrow{CA}$.

Enfin, l'égalité $2\overrightarrow{BF} + 2\overrightarrow{BA} = \overrightarrow{BC}$ peut aussi s'écrire $2\overrightarrow{BF} = \overrightarrow{BC} - 2\overrightarrow{BA}$, ou encore $\overrightarrow{BF} = \frac{1}{2}\overrightarrow{BC} - \overrightarrow{BA}$. On procède alors comme pour D et E.

Le calcul des coordonnées se fait toujours de la même façon, en passant de l'égalité des vecteurs à l'égalité de leurs coordonnées :

$\overrightarrow{AD} = 2\overrightarrow{BC}$ donc $\begin{cases} x_D - x_A = 2(x_C - x_B) \\ y_D - y_A = 2(y_C - y_B) \end{cases}$, et on remplace :

$\begin{cases} x_D + 1 = 2(0-2) \\ y_D - 2 = 2(3-1) \end{cases}$; $\begin{cases} x_D = -4 - 1 \\ y_D - 4 + 2 \end{cases}$ et finalement :

$$\boxed{D(-5\ ;\ 6)}$$

(Les coordonnées de D sont bien sûr confirmées par le graphique)

De même, l'égalité $\overrightarrow{BE} = \overrightarrow{CB} - \overrightarrow{AC}$ se traduit par $\begin{cases} x_E - x_B = x_B - x_C - (x_C - x_A) \\ y_E - y_B = y_B - y_C - (y_C - y_A) \end{cases}$;

on remplace : $\begin{cases} x_E - 2 = 2 - 0 - (0+1) \\ y_E - 1 = 1 - 3 - (3-2) \end{cases}$, on calcule : $\begin{cases} x_E = 3 \\ y_E = -2 \end{cases}$:

$$\boxed{E(3\ ;\ -2)}$$

De même pour F : $2\overrightarrow{BF}+2\overrightarrow{BA}=\overrightarrow{BC}$ donne $\begin{cases}2(x_F-x_B)+2(x_A-x_B)=x_C-x_B\\2(y_F-y_B)+2(y_A-y_B)=y_C-y_B\end{cases}$

puis, en remplaçant : $\begin{cases}2(x_F-2)+2(-1-2)=0-2\\2(y_F-1)+2(2-1)=3-1\end{cases}$; on calcule : $\begin{cases}2(x_F-2)=4\\2(y_F-1)=0\end{cases}$,

et il vient :

$$\boxed{E(4\ ;\ 1)}$$

2.3 Relation de Chasles

Pour tous points A, B et C, on a :

$$\boxed{\overrightarrow{AB}+\overrightarrow{BC}=\overrightarrow{AC}}$$

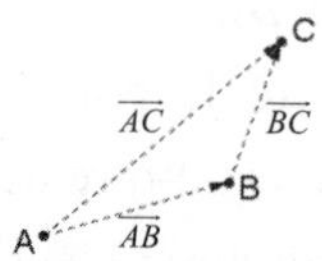

Cette égalité est utilisée « dans les deux sens » : pour simplifier certaines sommes de vecteurs, et pour « décomposer » un vecteur en somme de deux autres vecteurs.

✍ Exercice d'application 3

Dans la figure ci-dessous, $ABCD$ est un parallélogramme, I, J, K et L sont les milieux respectifs des côtés $[AB]$, $[BC]$, $[CD]$ et $[DA]$, et O est le centre du parallélogramme $ABCD$.
On pourra utiliser sans démonstration le fait que O est le milieu des segments $[IK]$ et $[JL]$.

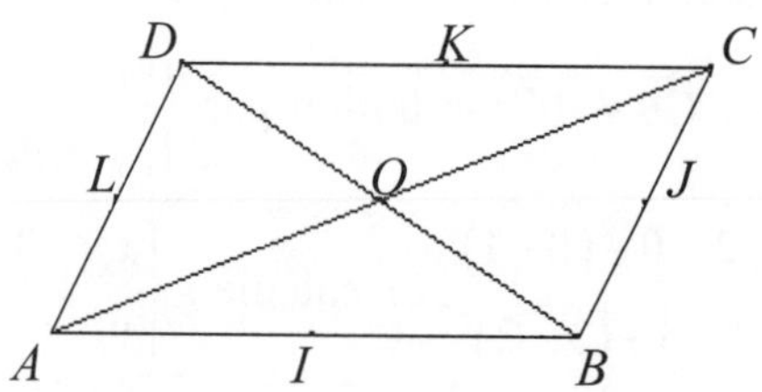

Déterminer les sommes suivantes :
$\overrightarrow{AB}+\overrightarrow{BO}$; $\overrightarrow{DO}+\overrightarrow{OJ}$; $\overrightarrow{LB}+\overrightarrow{AL}$; $\overrightarrow{AD}+\overrightarrow{OB}$; $\overrightarrow{BJ}+\overrightarrow{LD}$; $\overrightarrow{AO}+\overrightarrow{IJ}$; $\overrightarrow{AK}+\overrightarrow{IB}$; $\overrightarrow{AB}+\overrightarrow{CD}$; $\overrightarrow{IJ}+\overrightarrow{CO}$; $\overrightarrow{AO}+\overrightarrow{CO}$.

Corrigé

Les trois premières sommes s'effectuent en appliquant directement la relation de Chasles (la figure n'est d'ailleurs pas nécessaire ici) :

$\overrightarrow{AB}+\overrightarrow{BO}=\overrightarrow{AO}$;

$\overrightarrow{DO}+\overrightarrow{OJ}=\overrightarrow{DJ}$;

$\overrightarrow{LB}+\overrightarrow{AL}=\overrightarrow{AL}+\overrightarrow{LB}=\overrightarrow{AB}$.

Pour calculer $\overrightarrow{AD}+\overrightarrow{OB}$ en revanche, on ne peut pas appliquer la relation de Chasles. L'idée est alors de remplacer l'un des deux vecteurs $\overrightarrow{AD}$ ou $\overrightarrow{OB}$ (ou les deux éventuellement) par un vecteur égal et qui permette d'appliquer la relation de Chasles. Ici, on peut remplacer $\overrightarrow{OB}$ par $\overrightarrow{DO}$ (ces deux vecteurs sont clairement égaux) :

$\overrightarrow{AD}+\overrightarrow{OB}=\overrightarrow{AD}+\overrightarrow{DO}$ (car $\overrightarrow{OB}=\overrightarrow{DO}$)

$\overrightarrow{AD}+\overrightarrow{OB}=\overrightarrow{AO}$ (relation de Chasles).

On procède de même pour les autres :

$\overrightarrow{BJ}+\overrightarrow{LD}=\overrightarrow{BJ}+\overrightarrow{JC}$ (car $\overrightarrow{LD}=\overrightarrow{JC}$)

$\overrightarrow{BJ}+\overrightarrow{LD}=\overrightarrow{BC}$ (relation de Chasles).

$\overrightarrow{AO}+\overrightarrow{IJ}=\overrightarrow{AO}+\overrightarrow{OC}$ (car $\overrightarrow{IJ}=\overrightarrow{OC}$)

$\overrightarrow{AO}+\overrightarrow{IJ}=\overrightarrow{AC}$ (relation de Chasles).

$\overrightarrow{AK}+\overrightarrow{IB}=\overrightarrow{AK}+\overrightarrow{KC}$ (car $\overrightarrow{IB}=\overrightarrow{KC}$)

$\overrightarrow{AK}+\overrightarrow{IB}=\overrightarrow{AC}$ (relation de Chasles).

$\overrightarrow{AB}+\overrightarrow{CD}=\overrightarrow{DC}+\overrightarrow{CD}$ (car $\overrightarrow{AB}=\overrightarrow{DC}$)

$\overrightarrow{AB}+\overrightarrow{CD}=\vec{0}$ (relation de Chasles).

$\overrightarrow{IJ}+\overrightarrow{CO}=\overrightarrow{IJ}+\overrightarrow{JI}$ (car $\overrightarrow{CO}=\overrightarrow{JI}$)

$\overrightarrow{IJ}+\overrightarrow{CO}=\vec{0}$ (relation de Chasles).

$\overrightarrow{AO}+\overrightarrow{CO}=\overrightarrow{OC}+\overrightarrow{CO}$ (car $\overrightarrow{AO}=\overrightarrow{OC}$)

$\overrightarrow{AO}+\overrightarrow{CO}=\vec{0}$ (relation de Chasles).

2.4 Autres propriétés

Les opérations vues au paragraphe 2.1. sont compatibles avec les opérations usuelles, dans le sens suivant :

Soient $\vec{u}$ et $\vec{v}$ deux vecteurs, x et y deux réels. On a les propriétés suivantes :

- $x\vec{u}+y\vec{u}=(x+y)\vec{u}$
- $x(y\vec{u})=(xy)\vec{u}$

- $x\vec{u}+x\vec{v}=x\left(\vec{u}+\vec{v}\right)$
- $x\vec{0}=\vec{0}$ et $\vec{u}+\vec{0}=\vec{u}$.

✍ Exercice d'application 4

Soient A, B et C trois points. En utilisant la relation de Chasles et les règles énoncées ci-dessus, exprimer les vecteurs suivants en fonction des seuls vecteurs $\overrightarrow{AB}$ et $\overrightarrow{AC}$:

$$\vec{u}=2\overrightarrow{BC}\ ;\ \vec{v}=-\overrightarrow{BC}+2\overrightarrow{CA}\ ;\ \vec{w}=3\left(\overrightarrow{CB}-\overrightarrow{BA}\right)-\overrightarrow{BC}.$$

Corrigé

Deux idées dans les trois cas : utiliser l'opposé d'un vecteur, qui permet de remplacer par exemple $\overrightarrow{BA}$ par $-\overrightarrow{AB}$ (de façon à faire apparaître les vecteurs demandés) ; utiliser la relation de Chasles pour décomposer $\overrightarrow{BC}$ en $\overrightarrow{BA}+\overrightarrow{AC}$ (toujours de façon à faire apparaître les vecteurs demandés). Les règles énoncées au paragraphe 2.4. disent en fait que les calculs "se passent bien".

$$\begin{aligned}\vec{u}&=2\overrightarrow{BC}\\&=2\left(\overrightarrow{BA}+\overrightarrow{AC}\right)\\&=2\overrightarrow{BA}+2\overrightarrow{AC}\\&=2\left(-\overrightarrow{AB}\right)+2\overrightarrow{AC}\end{aligned}$$

$$\boxed{\vec{u}=-2\overrightarrow{AB}+2\overrightarrow{AC}}$$

$$\begin{aligned}\vec{v}&=-\overrightarrow{BC}+2\overrightarrow{CA}\\&=-\left(\overrightarrow{BA}+\overrightarrow{AC}\right)+2\left(-\overrightarrow{AC}\right)\\&=-\overrightarrow{BA}-\overrightarrow{AC}-2\overrightarrow{AC}\end{aligned}$$

$$\boxed{\vec{v}=\overrightarrow{AB}-3\overrightarrow{AC}}$$

$$\begin{aligned}\vec{w}&=3\left(\overrightarrow{CB}-\overrightarrow{BA}\right)-\overrightarrow{BC}\\&=3\overrightarrow{CB}-3\overrightarrow{BA}+\overrightarrow{CB}\\&=4\overrightarrow{CB}+3\overrightarrow{AB}\\&=4\left(\overrightarrow{CA}+\overrightarrow{AB}\right)+3\overrightarrow{AB}\\&=4\overrightarrow{CA}+4\overrightarrow{AB}+3\overrightarrow{AB}\end{aligned}$$

$$\boxed{\vec{w}=7\overrightarrow{AB}-4\overrightarrow{AC}}$$

Remarque : il existe plusieurs façons de mener ces calculs ; en revanche, il n'y a qu'un seul résultat possible.

3. APPLICATIONS

3.1 Milieu d'un segment

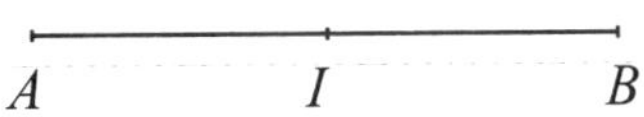

On dispose de plusieurs caractérisations vectorielles du milieu d'un segment :

$$I \text{ est le milieu de } [AB] \Leftrightarrow \overrightarrow{AI} = \overrightarrow{IB} \Leftrightarrow \overrightarrow{AI} = \frac{1}{2}\overrightarrow{AB} \Leftrightarrow \overrightarrow{BI} = \frac{1}{2}\overrightarrow{BA}$$

(Ce ne sont pas les seules).

Si on est dans un repère, les points ont des coordonnées : avec $A(x_A\ ;\ y_A)$ et $B(x_B\ ;\ y_B)$, le milieu I de $[AB]$ a pour coordonnées :

$$I\left(\frac{x_A + x_B}{2}\ ;\ \frac{y_A + y_B}{2}\right)$$

Les coordonnées du milieu de $[AB]$ sont les moyennes des coordonnées des points A et B (ce qui, quand on y pense, n'est pas très étonnant).

✍ Exercice d'application 5

Soit $ABCD$ un parallélogramme et O le milieu de $[AC]$. Démontrer que O est aussi le milieu de $[BD]$.

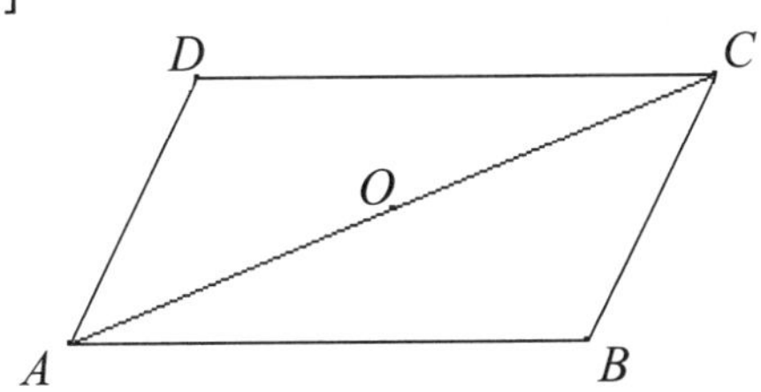

Corrigé

Comme très souvent dans un problème de géométrie vectorielle, il s'agit dans un premier temps de traduire vectoriellement les hypothèses du texte puis le résultat à démontrer.

Ici, les hypothèses peuvent se traduire par $\overrightarrow{AD}=\overrightarrow{BC}$ (ou bien $\overrightarrow{CD}=\overrightarrow{BA}$) et $\overrightarrow{AO}=\frac{1}{2}\overrightarrow{AC}$ (ou bien $\overrightarrow{AO}=\overrightarrow{OC}$) et le résultat à démontrer par $\overrightarrow{BO}=\frac{1}{2}\overrightarrow{BD}$ (ou bien $\overrightarrow{BO}=\overrightarrow{OD}$).

La "meilleure" relation vectorielle (c'est-à-dire la plus efficace, la plus rapide à démontrer, la plus élégante) n'est pas toujours évidente à déterminer *a priori*. Quelle que soit celle choisie, il s'agit de s'y tenir et de la démontrer rigoureusement.

Choisissons ici de démontrer que $\overrightarrow{BO}=\overrightarrow{OD}$. Ceci étant posé, on constate qu'il s'agit de démontrer une égalité… Les différentes méthodes exposées au chapitre 1 s'appliquent bien évidemment. On va calculer $\overrightarrow{BO}$ et tâcher de trouver $\overrightarrow{OD}$.

$\overrightarrow{BO}=\overrightarrow{BA}+\overrightarrow{AO}$ (seule façon de "calculer" un vecteur : la relation de Chasles ; on aurait aussi pu décomposer $\overrightarrow{BO}$ en $\overrightarrow{BC}+\overrightarrow{CO}$; en revanche, la décomposition $\overrightarrow{BO}=\overrightarrow{BD}+\overrightarrow{DO}$ aurait été pour le moins maladroite, car l'énoncé ne dit rien concernant les deux vecteurs $\overrightarrow{BD}$ et $\overrightarrow{DO}$).

Or $\overrightarrow{BA}=\overrightarrow{CD}$ (car $ABCD$ est un parallélogramme) et $\overrightarrow{AO}=\overrightarrow{OC}$ (car O est le milieu de $[AC]$). En remplaçant, on obtient :

$\overrightarrow{BO}=\overrightarrow{CD}+\overrightarrow{OC}$

$\overrightarrow{BO}=\overrightarrow{OC}+\overrightarrow{CD}$

$\overrightarrow{BO}=\overrightarrow{OD}$.

On peut donc conclure que $\boxed{O \text{ est le milieu de } [BD]}$

Remarque : On a ainsi démontré que les diagonales d'un parallélogramme se coupent en leur milieu… Ce résultat n'est certes pas une grande découverte, mais on a ici une façon rapide (trois lignes de calculs très simples) et élégante de le démontrer. Sans l'aide du calcul vectoriel, la démonstration est beaucoup plus longue et délicate.

3.2 Vecteurs colinéaires

Deux vecteurs sont dits colinéaires lorsqu'ils ont la même direction (mais pas nécessairement le même sens).

Deux vecteurs $\vec{u}$ et $\vec{v}$ sont colinéaires lorsqu'il existe une constante k telle que $\vec{u}=k\vec{v}$.

Avec $\vec{u}(x\ ;\ y)$ et $\vec{v}(x'\ ;\ y')$, on appelle déterminant des deux vecteurs $\vec{u}$ et $\vec{v}$, et on note $\det(\vec{u}\ ;\ \vec{v})$, le nombre réel défini par :

$$\boxed{\det(\vec{u}\ ;\ \vec{v}) = xy' - x'y}$$

Et on a le résultat suivant :

$$\boxed{\vec{u} \text{ et } \vec{v} \text{ sont colinéaires } \Leftrightarrow \det(\vec{u}\ ;\ \vec{v}) = 0}$$

Cette propriété s'utilise essentiellement dans deux situations :

- Deux droites (AB) et (CD) sont parallèles si, et seulement si les vecteurs $\overrightarrow{AB}$ et $\overrightarrow{CD}$ sont colinéaires.
- Trois points A, B et C sont alignés si, et seulement si les vecteurs $\overrightarrow{AB}$ et $\overrightarrow{AC}$ sont colinéaires.

Exercice d'application 6

Soit ABC un triangle et soit I, J et K les points définis par :

$$\overrightarrow{CI} = 3\overrightarrow{AB} - \overrightarrow{AC} \quad ; \quad \overrightarrow{AJ} = \overrightarrow{AB} + 2\overrightarrow{AC} \quad ; \quad \overrightarrow{AK} = 3\overrightarrow{AB} + \frac{3}{2}\overrightarrow{BC}.$$

1. Montrer que les points A, B et I sont alignés.

2. Montrer que les droites (BJ) et (AC) sont parallèles.

3. Montrer que les droites (IJ) et (BC) sont parallèles.

4. a) Exprimer chacun des vecteurs $\overrightarrow{IJ}$ et $\overrightarrow{JK}$ en fonction des vecteurs $\overrightarrow{AB}$ et $\overrightarrow{AC}$.

b) En déduire que les points I, J et K sont alignés.

Corrigé

(Une éventuelle figure est laissée aux soins du lecteur ; elle est sans difficulté et sans grande aide pour traiter les différentes questions).

1. On va montrer que les vecteurs $\overrightarrow{AI}$ et $\overrightarrow{AB}$ sont colinéaires (on aurait aussi pu choisir $\overrightarrow{BI}$ et $\overrightarrow{IA}$, ou $\overrightarrow{AB}$ et $\overrightarrow{BI}$, etc.). Pour cela, on va calculer $\overrightarrow{AI}$ et on va essayer de l'exprimer en fonction de $\overrightarrow{AB}$ (c'est-à-dire d'arriver à une égalité de la forme $\overrightarrow{AI} = k\overrightarrow{AB}$).

$\overrightarrow{AI} = \overrightarrow{AC} + \overrightarrow{CI}$ (l'utilisation du point C pour décomposer $\overrightarrow{AI}$ s'impose : l'énoncé donne $\overrightarrow{CI}$).

$\overrightarrow{AI} = \overrightarrow{AC} + 3\overrightarrow{AB} - \overrightarrow{AC}$

$$\boxed{\overrightarrow{AI} = 3\overrightarrow{AB}}$$

On peut donc conclure que les vecteurs $\overrightarrow{AI}$ et $\overrightarrow{AB}$ sont colinéaires, et donc que les points A, I et B sont alignés.

3. Même méthode que ci-dessus (le choix des vecteurs en moins) : montrons que les vecteurs $\overrightarrow{BJ}$ et $\overrightarrow{AC}$ sont colinéaires.

$\overrightarrow{BJ} = \overrightarrow{BA} + \overrightarrow{AJ}$ (on utilise le point A car on connaît $\overrightarrow{AJ}$).

$= \overrightarrow{BA} + \overrightarrow{AB} + 2\overrightarrow{AC}$

$= \vec{0} + 2\overrightarrow{AC}$

$$\boxed{\overrightarrow{BJ} = 2\overrightarrow{AC}}$$

Les vecteurs $\overrightarrow{BJ}$ et $\overrightarrow{AC}$ sont donc colinéaires et, par suite, les droites (BJ) et (AC) sont parallèles.

4. Montrons que $\overrightarrow{IJ}$ et $\overrightarrow{BC}$ sont colinéaires.

$\overrightarrow{IJ} = \overrightarrow{IA} + \overrightarrow{AJ}$ (on connaît $\overrightarrow{IA}$ grâce à la question 2 et $\overrightarrow{AJ}$ par l'énoncé).

$= -3\overrightarrow{AB} + \overrightarrow{AB} + 2\overrightarrow{AC}$

$= -2\overrightarrow{AB} + 2\overrightarrow{AC}$

$= 2\overrightarrow{BA} + 2\overrightarrow{AC}$

$= 2\left(\overrightarrow{BA} + \overrightarrow{AC}\right)$

$$\boxed{\overrightarrow{IJ} = 2\overrightarrow{BC}}$$

Les vecteurs $\overrightarrow{IJ}$ et $\overrightarrow{BC}$ sont colinéaires et donc les droites (IJ) et (BC) sont parallèles.

5. a) On a déjà, grâce à la question 4, $\overrightarrow{IJ}$ en fonction de $\overrightarrow{AB}$ et $\overrightarrow{AC}$:

$$\boxed{\overrightarrow{IJ} = -2\overrightarrow{AB} + 2\overrightarrow{AC}}$$

Un petit calcul est nécessaire pour $\overrightarrow{JK}$:

$\overrightarrow{JK} = \overrightarrow{JA} + \overrightarrow{AK}$

$= -\overrightarrow{AJ} + \overrightarrow{AK}$

$= -\left(\overrightarrow{AB} + 2\overrightarrow{AC}\right) + 3\overrightarrow{AB} + \dfrac{3}{2}\overrightarrow{BC}.$

A ce stade, il s'agit simplement de simplifier cette expression de façon à ne faire apparaître que les vecteurs $\overrightarrow{AB}$ et $\overrightarrow{AC}$:

$\overrightarrow{JK} = -\overrightarrow{AB} - 2\overrightarrow{AC} + 3\overrightarrow{AB} + \dfrac{3}{2}\left(\overrightarrow{BA} + \overrightarrow{AC}\right)$

$= 2\overrightarrow{AB} - 2\overrightarrow{AC} + \dfrac{3}{2}\overrightarrow{BA} + \dfrac{3}{2}\overrightarrow{AC}$

$= 2\overrightarrow{AB} - \dfrac{3}{2}\overrightarrow{AB} - 2\overrightarrow{AC} + \dfrac{3}{2}\overrightarrow{AC}$

$$\boxed{\overrightarrow{JK} = \frac{1}{2}\overrightarrow{AB} - \frac{1}{2}\overrightarrow{AC}}$$

b) Montrons que les vecteurs $\overrightarrow{IJ}$ et $\overrightarrow{JK}$ sont colinéaires (le choix de ces deux vecteurs n'est pas dû au hasard : il en est question au a)).

On a vu que $\overrightarrow{IJ} = -2\overrightarrow{AB} + 2\overrightarrow{AC}$

Et que $\overrightarrow{JK} = \frac{1}{2}\overrightarrow{AB} - \frac{1}{2}\overrightarrow{AC}$.

Il n'y a qu'à constater que :

$$\boxed{-4\overrightarrow{JK} = \overrightarrow{IJ}}$$

pour pouvoir conclure que les vecteurs $\overrightarrow{IJ}$ et $\overrightarrow{JK}$ sont colinéaires et donc que les points I, J et K sont alignés.

Remarque : dans les quatre questions ci-dessus, il s'agit à chaque fois de prouver que deux vecteurs sont colinéaires. Aux questions 2, 3 et 4, tout se passe bien, dans le sens où, en calculant l'un des deux vecteurs, on trouve "naturellement" le deuxième. En revanche, à la question 5, le calcul de $\overrightarrow{IJ}$ ne débouche pas sur $\overrightarrow{JK}$ (ni même $\overrightarrow{IK}$). L'idée est alors d'exprimer chacun des deux vecteurs concernés en fonction des deux *mêmes* vecteurs (ici $\overrightarrow{AB}$ et $\overrightarrow{AC}$), c'est la question a), puis de chercher le coefficient de colinéarité les liant (c'est-à-dire de répondre à la question : "par quel coefficient doit-on multiplier l'un des deux vecteurs pour trouver le deuxième ?"). Cette deuxième situation est bien évidemment plus délicate que la première… Dès qu'on fait de la géométrie analytique (c'est-à-dire avec coordonnées), ce genre de difficultés ne se rencontre pas.

Exercice d'application 7

Soit $A(-5\ ;\ 1)$, $B(3\ ;\ -2)$, $C(5\ ;\ 4)$ et $G(1\ ;\ 1)$. Soit M le milieu de $[AB]$ et N le milieu de $[AC]$. Calculer les coordonnées de M et N puis démontrer que les droites (CM) et (BN) sont concourantes en G. Que représente le point G pour le triangle ABC ?

Corrigé

On commence par appliquer les formules citées plus haut (§ 3.1) :

$M\left(\frac{x_A + x_B}{2}\ ;\ \frac{y_A + y_B}{2}\right)$; on remplace : $M\left(\frac{-5+3}{2}\ ;\ \frac{1-2}{2}\right)$, donc :

$$\boxed{M\left(-1\ ;\ \frac{-1}{2}\right)}$$

De même : $N\left(\frac{x_A + x_C}{2}\ ;\ \frac{y_A + y_C}{2}\right)$ et il vient :

$$\boxed{N\left(0\ ;\ \frac{5}{2}\right)}$$

Démontrer que les droites (CM) et (BN) sont concourantes en G revient à démontrer que le point G appartient à chacune de ces deux droites, autrement dit que les points C, M et G sont alignés, ainsi que les points B, N et G.
On va pour cela utiliser le paragraphe 3.2 et commencer par montrer que les vecteurs $\overrightarrow{CM}$ et $\overrightarrow{CG}$ sont colinéaires. Le plus simple pour cela est de calculer leur déterminant et de montrer que celui-ci est nul. On a donc besoin des coordonnées de ces deux vecteurs :

$\overrightarrow{CM}(x_M - x_C\ ;\ y_M - y_C)$, donc $\overrightarrow{CM}\left(-1-5\ ;\ \frac{-1}{2}-4\right)$ et donc $\overrightarrow{CM}\left(-6\ ;\ \frac{-9}{2}\right)$.

$\overrightarrow{CG}(x_G - x_C\ ;\ y_G - y_C)$, donc $\overrightarrow{CG}(1-5\ ;\ 1-4)$ et donc $\overrightarrow{CG}(-4\ ;\ -3)$.

On peut alors calculer le déterminant de ces deux vecteurs :

$\det\left(\overrightarrow{CM};\overrightarrow{CG}\right) = -6\times(-3)-(-4)\times\left(-\frac{9}{2}\right) = 18-18 = 0$. Par conséquent, les vecteurs $\overrightarrow{CM}$ et $\overrightarrow{CG}$ sont colinéaires, donc les points C, M et G sont alignés et donc $G \in (CM)$.

De la même façon :

$\overrightarrow{BN}(x_N - x_B\ ;\ y_N - y_B)$, donc $\overrightarrow{BN}\left(0-3\ ;\ \frac{5}{2}+2\right)$ et donc $\overrightarrow{BN}\left(-3\ ;\ \frac{9}{2}\right)$.

$\overrightarrow{BG}(x_G - x_B\ ;\ y_G - y_B)$, donc $\overrightarrow{BG}(1-3\ ;\ 1+2)$ et donc $\overrightarrow{BG}(-2\ ;\ 3)$.

Il vient alors : $\det\left(\overrightarrow{BN};\overrightarrow{BG}\right) = -3\times 3-(-2)\times\frac{9}{2} = -9+9 = 0$. Par conséquent, les vecteurs $\overrightarrow{BN}$ et $\overrightarrow{BG}$ sont colinéaires, donc les points B, N et G sont alignés et donc $G \in (BN)$. En résumé :

$$\boxed{(CM) \text{ et } (BN) \text{ se coupent en } G}$$

Il se trouve que les droites (CM) et (BN) sont deux médianes du triangle ABC (droite passant par un sommet et par le milieu du côté opposé) ; G est donc l'intersection de deux médianes, donc :

$$\boxed{G \text{ est le centre de gravité du triangle } ABC}$$

(On peut alors affirmer que G appartient aussi à la troisième médiane).

3.3 Longueur d'un segment

Dans ce paragraphe, le repère du plan est supposé orthonormé.
Soit $A(x_A \ ; y_A)$ et $B(x_B \ ; y_B)$. La longueur AB est donnée par la formule :

$$\boxed{AB=\sqrt{(x_B-x_A)^2+(y_B-y_A)^2}}$$

Si on a un vecteur $\vec{u}(x \ ; y)$, sa longueur est appelée norme du vecteur $\vec{u}$, et est notée $\|\vec{u}\|$ (on a donc $AB=\|\overrightarrow{AB}\|$) et celle-ci est donnée par la formule :

$$\boxed{\|\vec{u}\|=\sqrt{x^2+y^2}}$$

✍ Exercice d'application 8

Soit $(O \ ; I \ , J)$ un repère orthonormé et soit $A(-2 \ ; \ -2)$, $B(5 \ ; \ -3)$, $D(5 \ ; 5)$ et $P(2 \ ; 1)$.

1. Faire une figure, puis prouver que le triangle APB est isocèle rectangle.

2. Montrer que les points A, B et D sont sur un même cercle (C) de centre P dont on précisera le rayon.

3. Soit $E(1 \ ; \ -6)$. Montrer que la droite (EA) est tangente à (C) en A.

4. Quelle est la nature du quadrilatère $APBE$?

Corrigé

1. Pour prouver que le triangle APB est isocèle rectangle, le plus simple est de calculer les longueurs des trois côtés de ce triangle :

$$\begin{aligned} AP&=\sqrt{(x_P-x_A)^2+(y_P-y_A)^2}\\ &=\sqrt{(2+2)^2+(1+2)^2}\\ &=\sqrt{16+9} \end{aligned}$$

$AP=5.$

$$\begin{aligned} BP&=\sqrt{(x_P-x_B)^2+(y_P-y_B)^2}\\ &=\sqrt{(-3)^2+4^2}\\ &=\sqrt{9+16} \end{aligned}$$

$BP=5.$

On peut déjà affirmer que $AP = BP$, donc le triangle *APB* est isocèle (en *P*). Pour prouver qu'il est rectangle, on va appliquer la réciproque du théorème de Pythagore ; on a besoin pour cela de la longueur du troisième côté :

$$AB = \sqrt{(x_B - x_A)^2 + (y_B - y_A)^2}$$
$$= \sqrt{(5+2)^2 + (-3+2)^2}$$
$$= \sqrt{50}.$$

On a donc $AB^2 = 50$ d'une part, et $AP^2 + BP^2 = 25 + 25 = 50$ d'autre part ; donc $AP^2 + BP^2 = AB^2$ et la réciproque du théorème de Pythagore permet d'affirmer que le triangle *APB* est rectangle (en *P*). Finalement :

APB est isocèle rectangle (en P)

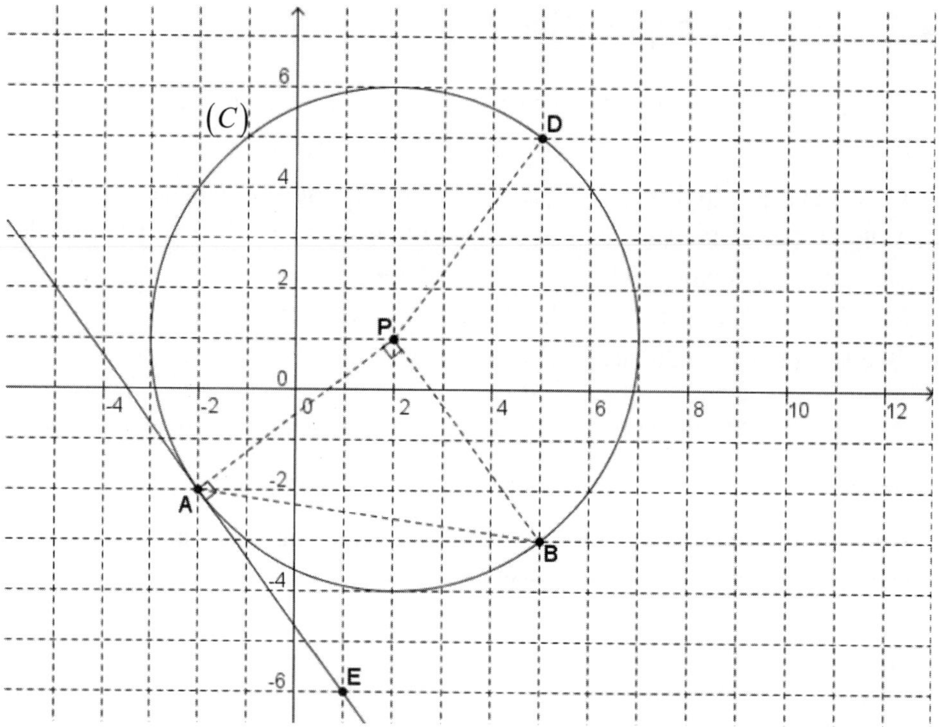

2. Prouver que *A*, *B* et *D* sont sur un même cercle de centre *P* revient à prouver que *PA*, *PB* et *PD* sont trois rayons, donc sont trois longueurs égales. On sait déjà (question 1.) que $PA = PB = 5$; reste à calculer la longueur *PD* :

$$PD = \sqrt{(x_D - x_P)^2 + (y_D - y_P)^2}$$
$$= \sqrt{(5-2)^2 + (5-1)^2}$$

$= \sqrt{9+16}$

$PD = 5.$

Les trois longueurs *PA*, *PB* et *PD* sont égales à 5, donc :

$\boxed{A, B \text{ et } D \text{ sont sur le cercle } (C) \text{ de centre } P \text{ de rayon } 5}$

3. On sait que la tangente en A à un cercle de centre P est perpendiculaire au rayon $[AP]$. Pour prouver que la droite (EA) est la tangente à (C) en A, il suffit donc de prouver que (EA) est perpendiculaire au rayon $[AP]$. Comme on ne dispose pas, dans le cours, d'un formule permettant de savoir si deux droites (ou deux segments, ou deux vecteurs) sont perpendiculaires ou non, il faut reformuler le problème. Et, avec un peu d'imagination, on voit qu'il suffit en fait de prouver que le triangle *PAE* est rectangle en *A*. On va alors pour cela appliquer une nouvelle fois la réciproque du théorème de Pythagore. Calculons donc les longueurs concernées :

$AE = \sqrt{(1+2)^2 + (-6+2)^2}$

$AE = 5.$

$PE = \sqrt{(1-2)^2 + (-6-1)^2}$

$PE = \sqrt{50}.$

On a déjà $AP = 5$. On constate alors que $AP^2 + AE^2 = 25 + 25 = 50 = PE^2$ donc, d'après la réciproque du théorème de Pythagore, le triangle *PAE* est rectangle en *A* et donc :

$\boxed{(EA) \text{ est tangente à } (C) \text{ en } A}$

4. Il n'est pas très compliqué de deviner que *APBE* est un carré ; il y a plusieurs façons de le démontrer (car il y a plusieurs façons de caractériser un carré) ; prouvons par exemple que *APBE* est un parallélogramme possédant deux côtés consécutifs perpendiculaires et de même longueur.

Pour prouver que *APBE* est un parallélogramme, le plus simple est de considérer des vecteurs. Prouvons par exemple que les vecteurs $\overrightarrow{PB}$ et $\overrightarrow{AE}$ sont égaux.

D'une part, $\overrightarrow{PB}(x_B - x_P\ ;\ y_B - y_P)$, donc $\overrightarrow{PB}(3\ ;\ -4)$.

D'autre part, $\overrightarrow{AE}(x_E - x_A\ ;\ y_E - y_A)$, donc $\overrightarrow{AE}(3\ ;\ -4)$.

Par suite, $\overrightarrow{PB}$ et $\overrightarrow{AE}$ sont égaux et *APBE* est un parallélogramme.

De plus, on sait déjà que les côtés $[AP]$ et $[PB]$ sont de même longueur, donc *APBE* est un losange.

Enfin, on sait aussi que les côtés $[AP]$ et $[PB]$ sont perpendiculaires, et finalement :

$\boxed{APBE \text{ est un carré}}$

3
Généralités sur les fonctions

1. VOCABULAIRE

1.1. Image, antécédent

Une fonction est la donnée d'un processus permettant d'associer, à un nombre, un autre nombre.
Si f est une fonction associant, à un nombre x, un nombre y, on note :
$f : x \mapsto y$ (lire : « la fonction f, au nombre x, associe le nombre y »), ou bien :
$f(x) = y$ (lire : « f de x égal y »).
On dit que y est l'image de x par f que x est un antécédent de y par f.
Exemple :
Soit f la fonction définie par $f(x) = x^2$ (la fonction f, à tout nombre x, associe son carré).
On a : $f(3) = 3^2 = 9$. L'image de 3 par f est 9 ; un antécédent de 9 par f est 3.
On a aussi : $f(-3) = (-3)^2 = 9$. L'image de -3 par f est 9 ; un antécédent de 9 par f est -3.
Remarques : lorsque f est donnée par une expression algébrique :

- Pour déterminer l'image d'un réel par une fonction f donnée, on remplace, dans l'expression de $f(x)$, x par la valeur proposée.
- Pour déterminer les antécédents d'un nombre k par une fonction f donnée, on doit résoudre l'équation $f(x) = k$. Un nombre donné peut donc avoir un seul, plusieurs, ou aucun antécédent (suivant que cette équation possède une, plusieurs ou aucune solution).

Avec l'exemple ci-dessus, les antécédents de 9 sont les solutions de l'équation $f(x) = 9$, c'est-à-dire de $x^2 = 9$, soit 3 et -3 ; 9 possède par cette fonction deux antécédents : 3 et -3.

Les antécédents de -2 sont les solutions de l'équation $f(x)=-2$, c'est-à-dire de $x^2=-2$. Cette équation n'a pas de solution, donc -2 n'a pas d'antécédent par *f*. En d'autres termes, il n'existe pas de nombre (réel) dont l'image par *f* soit -2.

1.2. Ensemble de définition

Etant donnée une fonction *f*, l'ensemble de définition de *f* est l'ensemble des valeurs de *x* pour lesquelles $f(x)$ existe.

C'est la notion "complémentaire" de la notion de valeur interdite.

Remarque :

En seconde, le problème de l'ensemble de définition se présente dans deux cas :

- Si l'expression de $f(x)$ possède un dénominateur : celui-ci doit être non nul.
- Si l'expression de $f(x)$ possède une racine : la quantité présente sous la racine doit être positive ou nulle.

Exercice d'application 1

Soit *f* la fonction définie par : $f(x)=\dfrac{2x}{x-1}$.

1. Déterminer l'ensemble de définition de la fonction *f*.
2. Déterminer les images par *f* de 0, de -6 et de $\dfrac{1}{4}$.
3. Déterminer les antécédents par *f* de 1, puis de 2.
4. Existe-t-il des nombres qui soient leurs propres images par *f* ?
5. Soit *h* un nombre réel non nul. Montrer que la somme des images par *f* de $1+h$ et de $1-h$ est constante (c'est-à-dire ne dépend pas de *h*).

Corrigé

1. $f(x)$ existe si, et seulement si le dénominateur $x-1$ est différent de 0, autrement dit si $x \neq 1$.

f est donc définie pour tout réel sauf 1. Son ensemble de définition est donc :

$$\boxed{D_f=\left]-\infty\ ;\ 1\right[\cup\left]1\ ;\ +\infty\right[}$$

ce qu'on peut aussi noter :

$\boxed{D_f=\mathbb{R}\backslash\{1\}}$ (lire : « $\mathbb{R}$ privé de 1 »).

2. Simple question de calcul :

$f(0)=\dfrac{2\times 0}{0-1}=0$:

$$\boxed{\text{L'image de 0 par } f \text{ est } 0}$$

$f(-6)=\dfrac{2\times(-6)}{-6-1}=\dfrac{-12}{-7}=\dfrac{12}{7}$:

$$\boxed{\text{L'image de } -6 \text{ par } f \text{ est } \frac{12}{7}}$$

$f\left(\dfrac{1}{4}\right)=\dfrac{2\times\dfrac{1}{4}}{\dfrac{1}{4}-1}=\dfrac{\dfrac{1}{2}}{-\dfrac{3}{4}}=\dfrac{1}{2}\times\dfrac{-4}{3}=\dfrac{-2}{3}$:

$$\boxed{\text{L'image de } \frac{1}{4} \text{ par } f \text{ est } -\frac{2}{3}}$$

3. Les antécédents de 1 sont les x tels que $f(x)=1$. Résolvons cette équation :

$\dfrac{2x}{x-1}=1 \Leftrightarrow 2x=x-1 \Leftrightarrow x=-1$. Ainsi :

$$\boxed{\text{L'antécédent de 1 par } f \text{ est } -1}$$

De même pour les antécédents de 2 :

$\dfrac{2x}{x-1}=2 \Leftrightarrow 2x=2x-2 \Leftrightarrow 0=-2$. Cette équation n'a pas de solution, donc :

$$\boxed{\text{2 n'a pas d'antécédent par } f}$$

4. Un nombre qui serait sa propre image par f serait un nombre x tel que $f(x)=x$.

Résolvons donc cette équation :

$\dfrac{2x}{x-1}=x \Leftrightarrow 2x=x(x-1) \Leftrightarrow x(x-1)-2x=0 \Leftrightarrow x(x-1-2)=0 \Leftrightarrow x=0$ ou
$x=3$.

$$\boxed{\text{Il y a donc deux nombres qui sont leurs propres images par } f \text{ : 0 et 3}}$$

5. L'image par f de $1+h$ est obtenue en remplaçant, dans l'expression de $f(x)$, x par $1+h$ (comme à la question 2) :

$f(1+h)=\dfrac{2(1+h)}{1-(1+h)}=\dfrac{2+2h}{-h}$.

De même, pour l'image de $1-h$:

$f(1-h)=\dfrac{2(1-h)}{1-(1-h)}=\dfrac{2-2h}{h}$.

Calculons à présent la somme de ces deux images :

$f(1+h)+f(1-h)=\dfrac{2+2h}{-h}+\dfrac{2-2h}{h}$

$$= -\frac{2+2h}{h} + \frac{2-2h}{h}$$

$$= \frac{-(2+2h)+2-2h}{h}$$

$$= \frac{-2-2h+2-2h}{h}$$

$$= \frac{-4h}{h}$$

$$\boxed{f(1+h)+f(1-h) = -4}$$

La somme des images par *f* de $1+h$ et de $1-h$ est bien constante (égale à -4).

2. COURBE REPRESENTATIVE

2.1 Définition et conséquences

Le plan est rapporté à un repère $(O\ ;\ \vec{i}, \vec{j})$.

Soit *f* une fonction définie sur un ensemble *E*.

La courbe représentative de *f* est l'ensemble des points dont les coordonnées sont de la forme $(x\ ;\ f(x))$, avec $x \in E$. En d'autres termes, c'est l'ensemble des points du plan dont l'ordonnée est égale à l'image de l'abscisse.

On dit que la courbe représentative de *f* a pour équation $y = f(x)$.

Si un point $M(x\ ;\ y)$ appartient à la courbe représentative d'une fonction *f*, alors $y = f(x)$; les coordonnées d'un point de la courbe représentative de *f* vérifient l'équation de la courbe représentative de *f*.

Réciproquement, si un point $M(x\ ;\ y)$ est tel que $y = f(x)$, alors le point *M* appartient à la courbe représentative de *f* ; si les coordonnées d'un point vérifient l'équation de la courbe représentative de *f*, alors ce point est sur la courbe.

2.2 Traçage d'une courbe

Soit *f* une fonction, *C* sa courbe représentative. On calcule quelques valeurs de $f(x)$ (suffisamment pour se faire une idée de la courbe), on place les points de coordonnées $(x\ ;\ f(x))$ ainsi obtenus, puis on les relie entre eux par une courbe "lisse".

Exemple :

Soit f la fonction définie par : $f(x) = \dfrac{1}{1+x^2}$.

(Notons que f est définie sur $\mathbb{R}$, car le dénominateur ne s'annule pour aucune valeur de x).

On peut présenter les différentes valeurs de $f(x)$ dans un tableau de valeurs :

x	-3	-2	-1	$-0,5$	0	$0,5$	1	2	3
$f(x)$	$0,1$	$0,2$	$0,5$	$0,8$	1	$0,8$	$0,5$	$0,2$	$0,1$

On obtient ainsi les points de coordonnées $(-3\ ;\ 0,1)$, $(-2\ ;\ 0,2)$, $(-1\ ;\ 0,5)$, etc.

On place ces différents points (le choix de l'échelle doit être judicieux), et on les relie entre eux :

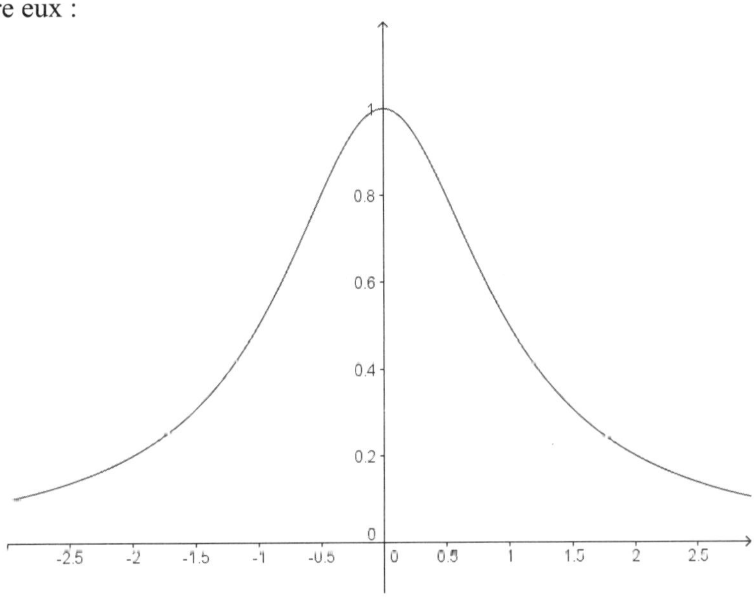

2.3 Lectures graphiques d'images et d'antécédents

Soit f une fonction, C sa courbe représentative.
Graphiquement :

- L'image d'un réel a est l'ordonnée du point de C dont l'abscisse est a.
- Les antécédents d'un réel b sont les abscisses des points de C dont l'ordonnée est b.

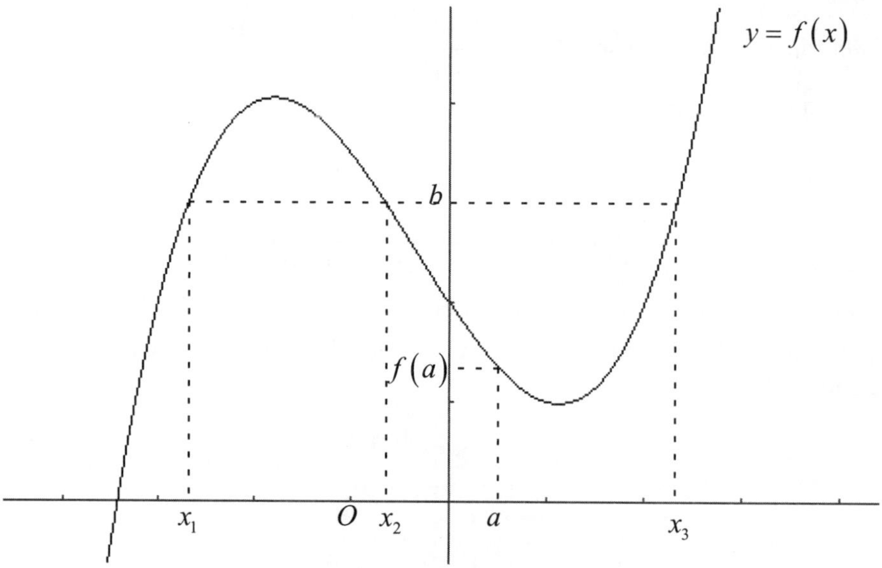

(x_1, x_2 et x_3 sont les antécédents de b par f).

2.4 Equation $f(x)=k$ et inéquation $f(x)\leq k$

- Les solutions de l'équation $f(x)=k$ sont les antécédents de k par f.
- Les solutions de l'inéquation $f(x)\leq k$ sont les abscisses des points dont l'ordonnée est inférieure ou égale à k. Il revient au même de dire que ce sont les abscisses des points de la courbe situés sous (ou sur) la droite d'équation $y=k$.
- Les inéquations $f(x)<k$, $f(x)\geq k$ et $f(x)>k$ se résolvent bien sûr de la même façon.

✍ Exercice d'application 2

Soit f la fonction, définie sur l'intervalle $[-3\ ;\ 3]$, dont la courbe est la suivante :

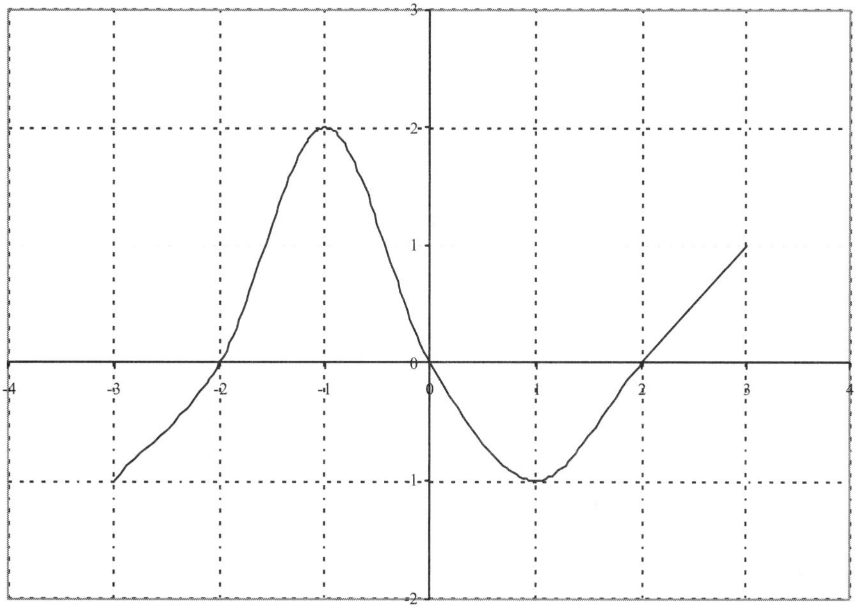

1. Déterminer graphiquement les images par f de -1, de 0 et de 2.

2. Dresser, pour $x \in [-3\ ;\ 3]$, le tableau de signes de $f(x)$.

3. Résoudre graphiquement les équations et inéquations suivantes :

a) $f(x)=0$ b) $f(x)=-\dfrac{3}{2}$ c) $f(x)<0$ d) $f(x)\geq 1$.

Corrigé

1. Pour déterminer l'image de -1 par f, il suffit de trouver le point de la courbe dont l'abscisse est -1, puis de lire l'ordonnée de ce point. On trouve :

$$\boxed{f(-1)=2}$$

L'image de -1 est 2.

De même :

$$\boxed{f(0)=0} \text{ et } \boxed{f(2)=0}$$

2. Il s'agit de déterminer, suivant les valeurs de x, le signe de $f(x)$. Les x tels que $f(x)$ est positif sont les abscisses des points de la courbe dont l'ordonnée est positive ; en d'autres termes, $f(x)$ est positif lorsque la courbe est "au-dessus" de l'axe des abscisses. Evidemment, $f(x)$ est négatif lorsque la courbe est "en-dessous" de l'axe des abscisses. D'où le tableau de signes de f :

x	-3		-2		0		2		3
signe de $f(x)$		$-$	0	$+$	0	$-$	0	$+$	

3. a) les solutions de l'équation $f(x)=0$ sont les abscisses des points de la courbe dont l'ordonnée est nulle ; en d'autres termes, ce sont les abscisses des points d'intersection de la courbe et de l'axe des abscisses. On lit :

$$\boxed{f(x)=0 \Leftrightarrow x=-2 \text{ ou } x=0 \text{ ou } x=2}$$

b) De même, les solutions de l'équation $f(x)=-\dfrac{3}{2}$ sont les abscisses des points de la courbe dont l'ordonnée vaut $-\dfrac{3}{2}$. Or il n'y a aucun point sur la courbe dont l'ordonnée vaut $-\dfrac{3}{2}$. Donc :

$$\boxed{\text{l'équation } f(x)=-\frac{3}{2} \text{ n'a pas de solution}}$$

c) L'inéquation $f(x)<0$ a déjà été résolue grâce au tableau de signes de f : les solutions sont les abscisses des points de la courbe situés en dessous (strictement) de l'axe des abscisses :

$$\boxed{x \in [-3\ ;\ -2[\cup]0\ ;\ 2[}$$

d) Les solutions de l'inéquation $f(x) \geq 1$ sont les abscisses des points de la courbe dont l'ordonnée est supérieure ou égale à 1, c'est-à-dire des points de la courbe situés au-dessus ou sur la droite d'équation $y=1$:

$$\boxed{x \in [-1{,}6\ ;\ -0{,}4] \cup \{3\}}$$

Bien sûr, les valeurs $-1{,}6$ et $-0{,}4$ sont approximatives ; attention de ne pas oublier la valeur "isolée" $x=3$.

2.5 Equation $f(x)=g(x)$ et inéquation $f(x)\leq g(x)$

On suppose qu'on connaît les deux courbes représentatives des deux fonctions f et g.

- Les solutions de l'équation $f(x)=g(x)$ sont les abscisses des points d'intersection des deux courbes.
- Les solutions de l'inéquation $f(x)\leq g(x)$ sont les abscisses des points de la courbe représentative de f situés en-dessous de la courbe de g.

- On résout de la même façon les inéquations $f(x) < g(x)$, $f(x) \geq g(x)$ et $f(x) > g(x)$.

Exercice d'application 3

Soit f et g les fonctions définies sur $\mathbb{R}$ par : $f(x) = x^2 - 2x$ et $g(x) = -x^2 + 3x$.

1. Tracer les courbes représentatives de f et de g (on fera des tableaux de valeurs).

2. Résoudre graphiquement l'équation $f(x) = g(x)$ et l'inéquation $f(x) < g(x)$.

3. Résoudre l'équation $f(x) = g(x)$ par le calcul.

Corrigé

1.

x	-2	-1	0	1	2	3	4
$f(x)$	8	3	0	-1	0	3	8
$g(x)$	-10	-4	0	2	2	0	-4

On place les points et on trace les courbes représentatives de f et g (voir courbe page suivante).

2. Les solutions de l'équation $f(x) = g(x)$ sont les abscisses des points d'intersection des deux courbes. On lit :

$$\boxed{x = 0 \text{ ou } x = 2,5}$$

Les solutions de l'inéquation $f(x) < g(x)$ sont les abscisses des points de la courbe de f situés en-dessous de la courbe de g, donc "entre" les deux points d'intersection :

$$\boxed{x \in \left]0\ ;\ 2,5\right[}$$

3. Il s'agit d'une équation classique :

$$\begin{aligned} f(x) = g(x) &\Leftrightarrow x^2 - 2x = -x^2 + 3x \\ &\Leftrightarrow 2x^2 - 5x = 0 \\ &\Leftrightarrow x(2x - 5) = 0 \\ &\Leftrightarrow x = 0 \text{ ou } 2x - 5 = 0 \end{aligned}$$

$$\boxed{f(x) = g(x) \Leftrightarrow x = 0 \text{ ou } x = \frac{5}{2}}$$

On retrouve bien sûr les solutions déterminées ci-dessus par une méthode graphique (à la différence près qu'on a ici les valeurs *exactes* des solutions, alors que la méthode graphique ne donne que des valeurs *approchées*).
On pourrait évidemment résoudre par le calcul l'inéquation $f(x) < g(x)$ (grâce à un tableau de signes).

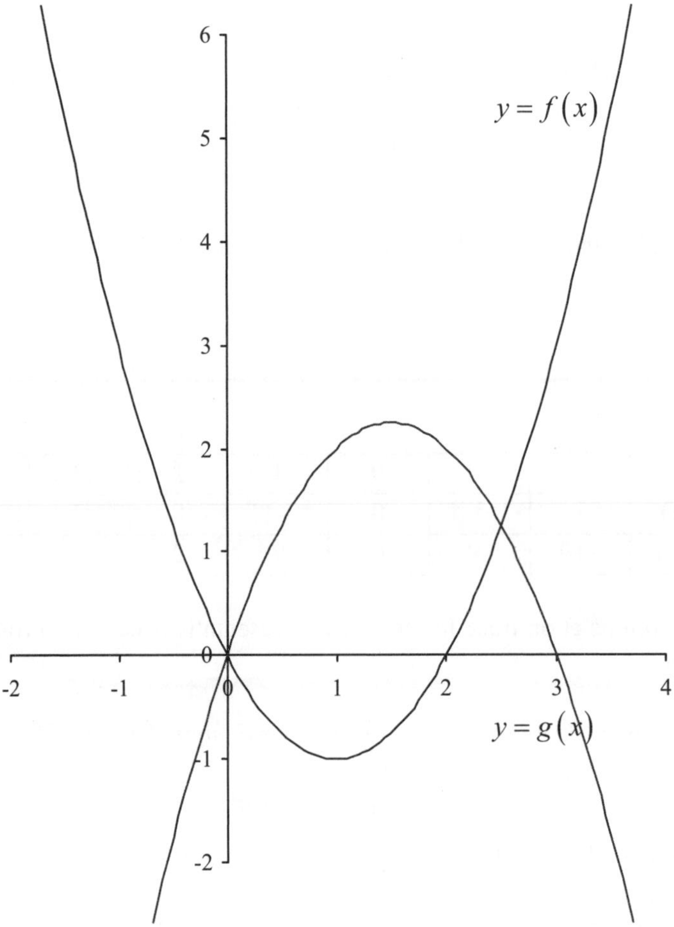

2.6 Sens de variation, extremum : aspects graphiques

- Une fonction f est dite croissante sur un intervalle I lorsque, quand x augmente, $f(x)$ augmente. Elle est dite décroissante lorsque, quand x augmente, $f(x)$ diminue. Elle est dite constante lorsque, quand x augmente, $f(x)$ reste constant.

Graphiquement, la courbe d'une fonction croissante "monte", la courbe d'une fonction décroissante "descend", la courbe d'une fonction constante est une droite horizontale.

Une fonction croissante ou décroissante sur I est dite monotone sur I.

- Le minimum d'une fonction sur un intervalle I est la valeur la plus petite possible de $f(x)$ quand $x \in I$. Le maximum d'une fonction sur un intervalle I est la valeur la plus grande possible de $f(x)$ quand $x \in I$.

  Graphiquement, le minimum de f correspond au point "le plus bas" de la courbe sur I ; si ce point a pour coordonnées $(x_0\ ;\ y_0)$, on dit que le minimum de f est atteint en x_0 et vaut y_0.

  De même, le maximum de f correspond au point "le plus haut" de la courbe sur I ; le vocabulaire est le même que pour un minimum.

Remarque : voir le paragraphe suivant pour des définitions plus rigoureuses.

- Etudier les variations d'une fonction, c'est déterminer sur quels intervalles elle est croissante ou décroissante. Minimum et maximum sont appelés extremums (ou extrema).
- Les variations d'une fonction sont résumées dans un *tableau de variations*.

Exemple : le tableau de variations de la fonction de l'exercice d'application 2 est le suivant :

x	-3		-1		1		3
variations de f	-1	↗	2	↘	-1	↗	1

f possède sur $[-3\ ;\ 3]$ un maximum en $x=-1$ qui vaut 2, un minimum sur $[-3\ ;\ 3]$ valant -1, atteint en $x=-3$ et en $x=1$.

✍ Exercice d'application 4

Soit f une fonction, définie sur l'intervalle $[-2\ ;\ 4]$, dont le tableau de variations est le suivant :

x	-2		-1		2		4
$f(x)$	-1	↗	1	↘	0	↗	2

Les affirmations suivantes sont-elles vraies ou fausses (justifier) ?

a) Il est possible que $f(0)=2$;

b) pour tout x de $[-2\ ;\ 4]$, $f(x) \geq 0$;

c) il existe (au moins) un x pour lequel $f(x) \geq 0$;

d) il existe exactement un x pour lequel $f(x) = 0$;

e) il est possible que, pour tout x de $[-2\ ;\ 4]$, $f(x) = x^2$;

f) il existe (au moins) un x tel que $f(x) = x^2$.

Corrigé

a) 0 étant dans l'intervalle $[-1\ ;\ 2]$, le tableau de variations de f indique que $f(0)$ est compris entre 0 et 1 ; il est donc impossible que $f(0)$ soit égal à 2. Bref, ne pas confondre $f(0) = 2$ (qui est ici faux) et $f(2) = 0$ (qui est vrai)…

b) En français, cette proposition affirme que *tout* réel de $[-2\ ;\ 4]$ a une image positive ; or visiblement, ce n'est pas le cas : par exemple, -2 a une image négative ($f(-2) = -1$). La proposition est donc fausse.

c) A ne pas confondre avec la proposition précédente ! Celle-ci est clairement vraie : on peut même affirmer que tous les réels de l'intervalle $[-1\ ;\ 4]$ vérifient $f(x) \geq 0$ (mais ce ne sont sans doute pas les seuls) ; il y a donc une infinité de x tels que $f(x) \geq 0$: la proposition est donc vraie.

d) Le tableau fournit déjà un x pour lequel $f(x) = 0$, à savoir 2 (car $f(2) = 0$), mais, sur l'intervalle $[-2\ ;\ -1]$, f passe d'une valeur strictement négative (-1) à une valeur strictement positive (1) en étant strictement croissante ; sauf à imaginer une fonction extrêmement pathologique, on peut en déduire que f "passe par 0" sur cet intervalle, et une seule fois. En tout, f s'annule donc 2 fois : une fois quelque part dans l'intervalle $[-2\ ;\ -1]$, et une fois en 2. La proposition est donc fausse.

e) Si on avait $f(x) = x^2$ pour tout x de $[-2\ ;\ 4]$, on aurait en particulier $f(-2) = (-2)^2$, $f(0) = 0^2$, $f(4) = 4^2$, etc. Or le tableau indique que $f(-2) = -1$ qui n'est pas égal à $(-2)^2$: la proposition est donc fausse.

f) Là aussi, proposition à ne pas confondre avec la précédente. *A priori*, rien n'empêche que $f(x) = x^2$ pour un certain x ; en observant attentivement le tableau, on peut voir que $f(-1) = 1 = (-1)^2$, donc -1 est une solution de l'équation $f(x) = x^2$; mais on ne peut pas savoir si c'est la seule ou pas. Toujours est-il que la proposition est vraie.

3. VARIATIONS, EXTREMUM : ASPECTS ALGEBRIQUES

3.1. Variations d'une fonction

Soit *f* une fonction définie sur un intervalle *I*.

- Si, pour tous réels a et b de I tels que $a<b$, on a $f(a)<f(b)$, alors la fonction *f* est strictement croissante sur *I*. On dit qu'une fonction croissante *ne change pas l'ordre*.
- Si, pour tous réels a et b de I tels que $a<b$, on a $f(a)>f(b)$, alors la fonction f est strictement décroissante sur *I*. On dit qu'une fonction décroissante *change l'ordre*.
- Si, pour tous réels a et b de I tels que $a<b$, on a $f(a)=f(b)$, alors la fonction *f* est constante sur *I*.

Remarques :

- Etudier les variations d'une fonction sur un intervalle I revient donc à se donner deux réels a et b quelconques dans I avec $a<b$, puis à comparer $f(a)$ et $f(b)$. La méthode vue au chapitre 1 s'applique : on calcule la différence $f(a)-f(b)$ et on étudie le signe du résultat.
- Si on connaît les variations d'une fonction sur un intervalle I et qu'on connaît deux réels dans I tels que $a<b$, alors on peut comparer les réels $f(a)$ et $f(b)$; si f est strictement croissante, $f(a)<f(b)$, et si f est strictement décroissante, $f(a)>f(b)$. On dispose donc ici d'une nouvelle méthode pour démontrer des inégalités.

3.2. Extremum d'une fonction

Soit *f* une fonction définie sur un intervalle I et soit $x_0 \in I$.

- f possède un minimum sur I en x_0 lorsque, pour tout x de I : $f(x)\geq f(x_0)$.
- f possède un maximum sur I en x_0 lorsque, pour tout x de I : $f(x)\leq f(x_0)$.
- La valeur de l'extremum, dans les deux cas, est bien sûr $f(x_0)$.

Remarque : Ici aussi, il s'agit de démontrer une inégalité. On calcule donc la différence $f(x)-f(x_0)$ et on étudie le signe du résultat.

✍ Exercice d'application 5

Soit f une fonction définie sur l'intervalle $[-2\ ;\ 4]$ dont le tableau de variations est le suivant :

x	-2		-1		2		4
variations de f	-2	↗	2	↘	-1	↗	1

1. Comparer, lorsque c'est possible, les nombres suivants : $f(0)$ et $f(1)$; $f(2)$ et $f(3)$; $f(-2)$ et $f(0)$; $f(\pi-3)$ et $f(\pi-2)$.
2. On suppose de plus que $f(0)=1$ et que $f(3)=0$. Encadrer $f(x)$ lorsque :
   a) $x\in[0\ ;\ 2]$; b) $x\in[2\ ;\ 3]$; c) $x\in[0\ ;\ 3]$.

Corrigé

1. On commence par déterminer un intervalle contenant les deux nombres dont il faut comparer les images sur lequel la fonction est monotone. Ici, 0 et 1 appartiennent tous deux à l'intervalle $[-1\ ;\ 2]$:

$$\left.\begin{array}{l} 0<1 \\ f \text{ est strictement décroissante sur } [-1\ ;\ 2] \end{array}\right\} \text{donc } \boxed{f(0)>f(1)}$$ (f change l'ordre).

De même :

$$\left.\begin{array}{l} 2<3 \\ f \text{ est strictement croissante sur } [2\ ;\ 4] \end{array}\right\} \text{donc } \boxed{f(2)<f(3)}$$ (f ne change pas l'ordre).

En revanche, -2 et 0 n'appartiennent pas à un intervalle sur lequel f est monotone (f n'est pas monotone sur $[-2\ ;\ 0]$). On ne peut donc pas comparer $f(-2)$ et $f(0)$.

Sachant que π est compris entre 3 et 4, $\pi-3$ et $\pi-2$ sont dans l'intervalle $[-1\ ;\ 2]$:

$\left.\begin{array}{l}\pi-3<\pi-2 \\ f \text{ est strictement décroissante sur } [-1\ ;\ 2]\end{array}\right\}$ donc $\boxed{f(\pi-3)>f(\pi-2)}$

2. Même principe que ci-dessus, en manipulant des encadrements (donc deux inégalités simultanément) :

a) $\left.\begin{array}{l}0\leq x\leq 2 \\ f \text{ est décroissante sur } [-1\ ;\ 2]\end{array}\right\}$ donc $f(0)\geq f(x)\geq f(2)$, c'est-à-dire :

$$\boxed{1\geq f(x)\geq -1}$$

(La valeur de $f(0)$ est donnée par l'énoncé, et celle de $f(2)$ figure dans le tableau de variations).

b) $\left.\begin{array}{l}2\leq x\leq 3 \\ f \text{ est croissante sur } [2\ ;\ 4]\end{array}\right\}$ donc $f(2)\leq f(x)\leq f(3)$:

$$\boxed{-1\leq f(x)\leq 0}$$

c) Pour $x\in[0\ ;\ 3]$, on ne peut pas appliquer exactement le même raisonnement que ci-dessus, car *f* n'est pas monotone sur $[0\ ;\ 3]$. En revanche, on peut distinguer deux cas :

Si $x\in[0\ ;\ 2]$, alors $-1\leq f(x)\leq 1$ (voir ci-dessus), et, si $x\in[2\ ;\ 3]$, alors $-1\leq f(x)\leq 0$.

On constate que, dans les deux cas, $-1\leq f(x)\leq 1$ (dans le deuxième cas, $f(x)\leq 0$, donc nécessairement $f(x)\leq 1$) :

Pour tout $x\in[0\ ;\ 3]$, $\boxed{-1\leq f(x)\leq 1}$

✍ Exercice d'application 6

Soit f la fonction définie sur $\mathbb{R}$ par : $f(x)=x^2-6x+2$. Soit C sa courbe représentative.

1. Démontrer que *f* admet sur $\mathbb{R}$ un minimum en $x=3$. Préciser la valeur de ce minimum.

2. *a* et *b* étant deux réels quelconques, démontrer que :

$$f(a)-f(b)=(a-b)(a+b-6).$$

Etudier les variations de *f* sur chacun des intervalles $]-\infty\ ;\ 3]$ et $[3\ ;\ +\infty[$. Dresser le tableau de variations de *f*.

3. Soit g la fonction définie sur $\mathbb{R}$ par : $g(x)=-2f(x)+1$. Avec le moins de calculs possibles :

a) montrer que g admet sur $\mathbb{R}$ un maximum en $x=3$; préciser la valeur de ce maximum.

b) étudier les variations de g sur $]-\infty\ ;\ 3]$ puis sur $[3\ ;\ +\infty[$.

Corrigé

1. Il s'agit de démontrer que, pour tout réel x : $f(x) \geq f(3)$. Calculons la différence :

$$\begin{aligned} f(x)-f(3) &= x^2-6x+2-\left(3^2-6\times 3+2\right) \\ &= x^2-6x+2-(-7) \\ &= x^2-6x+9 \\ &= (x-3)^2. \end{aligned}$$

Or $(x-3)^2 \geq 0$, donc $f(x) \geq f(3)$ et, par conséquent :

$$\boxed{f \text{ admet sur } \mathbb{R} \text{ un minimum en } x=3}$$

Ce minimum vaut $\boxed{f(3)=-7}$

2. On va calculer $f(a)-f(b)$ et, comme l'indique l'énoncé, tâcher de factoriser le résultat par $a-b$:

$$\begin{aligned} f(a)-f(b) &= a^2-6a+2-\left(b^2-6b+2\right) \\ &= a^2-6a+2-b^2+6b-2 \\ &= a^2-b^2-6a+6b \\ &= (a-b)(a+b)-6(a-b) \end{aligned}$$

$$\boxed{f(a)-f(b)=(a-b)(a+b-6)}$$

- Variations de f sur l'intervalle $]-\infty\ ;\ 3]$:

Soit a et b deux réels de cet intervalle tels que $a<b$. On étudie le signe de $f(a)-f(b)$, de façon à comparer $f(a)$ et $f(b)$.

D'une part, $a<b$, donc $a-b<0$. D'autre part, on a $a \leq 3$ et $b \leq 3$, donc $a+b \leq 6$, et donc $a+b-6 \leq 0$.

On en déduit que $(a-b)(a+b-6) \geq 0$ (produit de deux nombres négatifs), donc que $f(a) \geq f(b)$.

La fonction f a changé l'ordre sur $]-\infty\ ;\ 3]$, donc :

$$\boxed{f \text{ est décroissante sur }]-\infty\ ;\ 3]}$$

Remarque : si on avait choisi $a>b$, on aurait eu $a-b>0$, puis on aurait trouvé que $f(a)<f(b)$; la conclusion aurait été bien évidemment la même : f change l'ordre donc est décroissante.

- Variations de *f* sur l'intervalle $[3\ ;\ +\infty[$:

Soit a et b deux réels de cet intervalle tels que $a < b$.
D'une part, $a<b$, donc $a-b<0$. D'autre part, on a $a \geq 3$ et $b \geq 3$, donc $a+b \geq 6$, et donc $a+b-6 \geq 0$.
On en déduit que $(a-b)(a+b-6) \leq 0$ (produit d'un nombre négatif par un nombre positif), donc que $f(a) \leq f(b)$.
La fonction *f* n'a pas changé l'ordre sur $[3\ ;\ +\infty[$, donc :

$$\boxed{f \text{ est croissante sur } [3\ ;+\infty[}$$

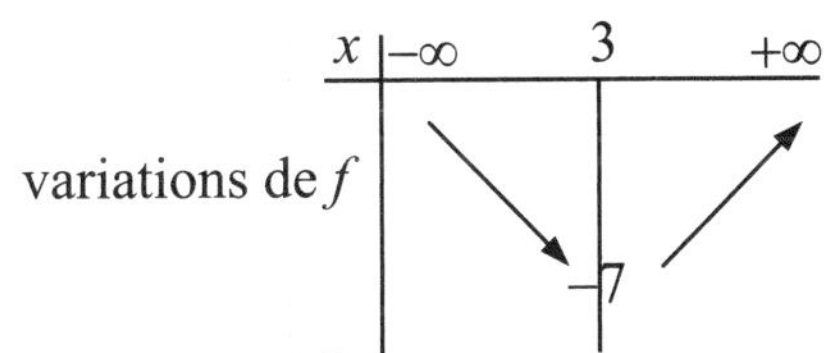

3. a) *1ère méthode* : calcul de la différence.
Il s'agit de démontrer que, pour tout x : $g(x) \leq g(3)$.

$$\begin{aligned} g(x)-g(3) &= -2f(x)+1-[-2f(3)+1] \\ &= -2f(x)+1+2f(3)-1 \\ &= -2[f(x)-f(3)]. \end{aligned}$$

Il n'est pas nécessaire de continuer le calcul, ni même de remplacer $f(x)-f(3)$ par l'expression trouvée à la question 1. En effet, on sait que f possède un minimum en 3, donc que $f(x) \geq f(3)$, et donc que $f(x)-f(3) \geq 0$. Par conséquent, $-2[f(x)-f(3)] < 0$ et donc $g(x) < g(3)$. Par suite :

$$\boxed{\text{g admet sur } \mathbb{R} \text{ un maximum en } x=3}$$

Ce maximum vaut $\boxed{g(3)=-2f(3)+1=-2\times(-7)+1=15}$

2ème méthode : manipulations d'inégalités.
On sait que *f* possède un minimum en 3, donc que $f(x) \geq f(3)$. En multipliant par -2, on en déduit que $-2f(x) \leq -2f(3)$ (l'ordre change, car -2 est négatif), puis, en ajoutant 1 : $-2f(x)+1 \leq -2f(3)+1$, c'est-à-dire : $g(x) \leq g(3)$. La conclusion est la même.
b) Ici aussi, on pourrait utiliser une méthode classique, comme à la question 2, mais en voici une, plus rapide et moins calculatoire, assez proche de la deuxième méthode exposée ci-dessus.
Soit a et b deux réels de l' intervalle $]-\infty\ ;\ 3]$ tels que $a<b$. On sait que, sur cet intervalle, f est décroissante, donc change l'ordre : $f(a) \geq f(b)$. En multipliant

par -2 : $-2f(a) \leq -2f(b)$ puis, en ajoutant 1 : $-2f(a)+1 \leq -2f(b)+1$, c'est-à-dire : $g(a) \leq g(b)$. g n' a pas changé l'ordre, donc :

$$\boxed{\text{g est croissante sur }]-\infty \ ; \ 3]}$$

La démonstration est exactement la même sur l'intervalle $[3 \ ; \ +\infty[$, sur lequel on sait que *f* est croissante, et on trouve que :

$$\boxed{\text{g est décroissante sur } [3 \ ; +\infty[}$$

4
Fonctions affines. Equations de droites

Dans tout le chapitre, le plan est rapporté à un repère $(O\ ;\ I,\ J)$.

1. GENERALITES

1.1. Définition

Une fonction *f* est dite affine lorsque l'image d'un réel *x* quelconque est donnée par une formule du type :

$$f(x) = mx + p$$

où *m* et *p* sont deux réels quelconques.

- Si $m = 0$, la fonction *f* est constante.
- Si $p = 0$, *f* est dite linéaire ; dans ce cas, $f(x)$ est proportionnel à *x*.

1.2. Théorème et vocabulaire

La courbe représentative d'une fonction affine est une droite, non parallèle à l'axe des ordonnées.
Si $f(x) = mx + p$, la droite (D) représentant *f* a pour équation $y = mx + p$. Cette équation est appelée équation de la droite (D). On note $(D)\ :\ y = mx + p$.
m est appelé coefficient directeur de (D) et *p* est appelé ordonnée à l'origine de (D).

- Si $m = 0$, la droite (D) est parallèle à l'axe des abscisses.
- Si $p = 0$, la droite (D) passe par l'origine du repère.

1.3. Conséquences

Les propriétés générales des fonctions et des courbes représentatives de fonctions établies au chapitre précédent s'appliquent dans le cas particulier des fonctions affines. En particulier :

- Si un point $A(x_A ; y_A)$ appartient à une droite (D) d'équation $y = mx + p$, alors ses coordonnées vérifient l'équation de (D) : $y_A = mx_A + p$.
- Réciproquement, si les coordonnées d'un point $A(x_A ; y_A)$ vérifient l'équation de (D), c'est-à-dire si $y_A = mx_A + p$, alors le point A appartient à la droite (D).

1.4. Equation de droite

Toute droite du plan possède une équation pouvant se mettre sous la forme :

- $x = k$ (où $k \in \mathbb{R}$) si elle est parallèle à l'axe des ordonnées.
- $y = mx + p$ dans le cas contraire.

Ces deux équations sont appelées équations réduites de la droite.

1.5. Comment tracer une droite connaissant son équation ?

- 1ère possibilité.
  Pour tracer une droite, il suffit de connaître deux points sur cette droite. Dans le cas d'une droite d'équation $y = mx + p$, il suffit donc de donner deux valeurs à x et de calculer les deux valeurs de y correspondantes, puis de placer les deux points dont les coordonnées sont ainsi obtenues. Ces calculs sont souvent présentés dans un tableau de valeurs.
- 2ème possibilité.
  Toujours dans le cas d'une droite d'équation $y = mx + p$, on commence par placer le point de coordonnées $(0 ; p)$, puis on "avance" de 1 unité et on "monte" de m unités (ou on descend, si m est négatif) :

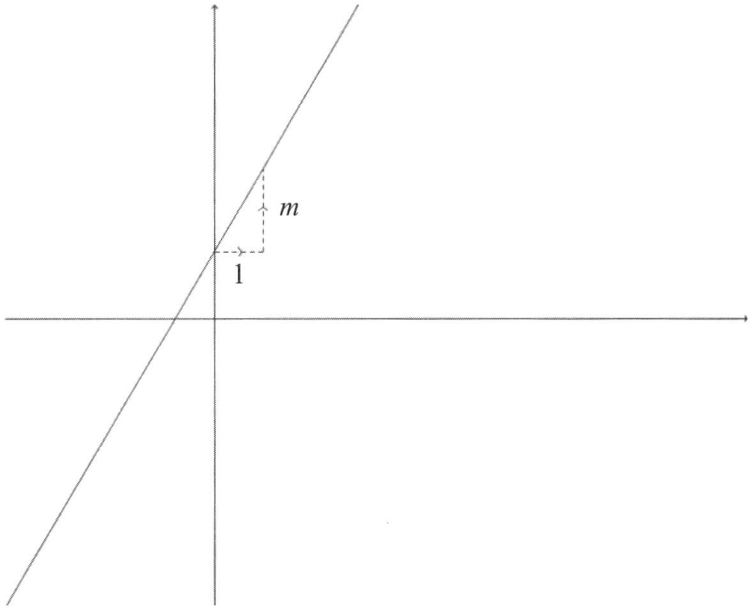

Bien évidemment, cette méthode n'est intéressante que dans le cas où les valeurs de m et de p sont simples.

1.6. Comment déterminer une équation de droite ?

On suppose ici qu'on connaît deux points $A(x_A\ ;\ y_A)$ et $B(x_B\ ;\ y_B)$ et qu'on cherche une équation de la droite (AB).

Si les points A et B ont même abscisse ($x_A = x_B$), la droite (AB) est verticale (parallèle à l'axe des ordonnées), et a pour équation $x = x_A$.

Si les points A et B n'ont pas même abscisse, la droite (AB) n'est pas verticale, donc a une équation de la forme $y = mx + p$. Il s'agit alors de déterminer les valeurs de m et de p.

- $1^{\text{ère}}$ possibilité.
  On traduit le fait que A et B appartiennent à la droite (AB) : leurs coordonnées vérifient l'équation de la droite : $y_A = mx_A + p$ et $y_B = mx_B + p$.
  On résout le système $\begin{cases} y_A = mx_A + p \\ y_B = mx_B + p \end{cases}$ et on trouve les valeurs de m et p.

- $2^{\text{ème}}$ possibilité.
  On calcule la valeur de m par la formule :
  $$m = \frac{y_B - y_A}{x_B - x_A},$$
  puis on détermine la valeur de p en utilisant l'une ou l'autre des équations $y_A = mx_A + p$ ou $y_B = mx_B + p$.

Exercice d'application 1

Soit (D) : $y = \frac{1}{3}x - 1$, $A(2\ ;\ -1)$, $B(5\ ;\ 1)$ et $C(9\ ;\ 2)$.

1. Faire une figure.
2. Les points A, B et C appartiennent-ils à la droite (D) ?
3. Déterminer les coordonnées des points d'intersection de (D) avec les axes du repère.
4. Déterminer une équation de la droite (AB).
5. Déterminer les coordonnées du point I, intersection des droites (D) et (AB).

Corrigé

1. Pour tracer la droite (D), on détermine deux points sur (D) :

x	-3	6
y	-2	1

(Les points de coordonnées $(-3\ ;\ -2)$ et $(6\ ;\ 1)$ appartiennent à (D)).

On a choisi deux points assez éloignés l'un de l'autre, pour un tracé plus précis.

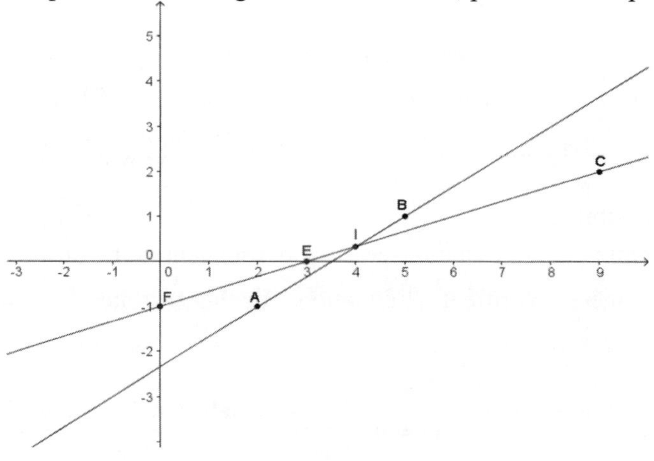

1. Il s'agit de savoir si les coordonnées de A vérifient ou non l'équation de la droite (D), autrement dit si $y_A = \frac{1}{3}x_A - 1$ ou non. Calculons donc $\frac{1}{3}x_A - 1$:

$$\begin{aligned}\frac{1}{3}x_A - 1 &= \frac{1}{3}\times 2 - 1\\ &= \frac{2}{3} - 1\\ &= -\frac{1}{3}.\end{aligned}$$

Or $y_A = -1$, donc $y_A \neq \frac{1}{3}x_A - 1$ et donc :

$$\boxed{A \notin (D)}$$

On procède de même pour les points B et C :

$$\begin{aligned}\frac{1}{3}x_B - 1 &= \frac{1}{3}\times 5 - 1\\ &= \frac{5}{3} - 1\\ &= \frac{2}{3} \neq y_B \text{ et donc :}\end{aligned}$$

$$\boxed{B \notin (D)}$$

$$\begin{aligned}\frac{1}{3}x_C - 1 &= \frac{1}{3}\times 9 - 1\\ &= 3 - 1\\ &= 2 = y_C \text{ et donc :}\end{aligned}$$

$$\boxed{C \in (D)}$$

2. Soit E le point d'intersection de (D) avec l'axe des abscisses, et F le point d'intersection de (D) avec l'axe des ordonnées.

E appartient à (D), donc ses coordonnées vérifient l'équation de (D) : $y_E = \frac{1}{3}x_E - 1.$

D'autre part, E appartient à l'axe des abscisses, donc son ordonnée est nulle : $y_E = 0.$ On obtient :

$0 = \frac{1}{3}x_E - 1.$ Il n'y a plus qu'à résoudre cette équation :

$\frac{1}{3}x_E = 1 \Leftrightarrow x_E = 3.$ Donc :

$$\boxed{E(3\ ;\ 0)}$$

F appartient à (D), donc ses coordonnées vérifient l'équation de (D) : $y_F = \frac{1}{3}x_F - 1$.

D'autre part, F appartient à l'axe des ordonnées, donc son abscisse est nulle : $x_F = 0$. On obtient :

$y_F = \frac{1}{3} \times 0 - 1 = -1$. Donc :

$$\boxed{F(0\ ;\ -1)}$$

Remarque : Si on appelle f la fonction affine dont (D) est la représentation graphique ($f(x) = \frac{1}{3}x - 1$), on a en fait déterminé l'antécédent de 0 par f pour déterminer l'abscisse de E, et l'image de 0 par f pour déterminer l'ordonnée de F. Il n'y a donc ici rien de vraiment nouveau par rapport au chapitre précédent. Seul le point de vue est légèrement différent.

3. La droite (AB) n'est pas verticale (A et B ont des abscisses différentes) ; soit $y = mx + p$ son équation réduite.

1ère méthode.

$A \in (AB)$, donc ses coordonnées vérifient l'équation de (AB) : $y_A = mx_A + p$, c'est-à-dire $-1 = 2m + p$.

De même, $B \in (AB)$, donc $y_B = mx_B + p$, c'est-à-dire $1 = 5m + p$.

On résout le système : $\begin{cases} -1 = 2m + p \\ 1 = 5m + p \end{cases}$.

Remarque : voir le paragraphe suivant pour un rappel des différentes méthodes de résolution d'un système.

En soustrayant les deux équations du système, il vient : $-1 - 1 = 2m - 5m$, d'où $m = \frac{2}{3}$.

On remplace alors m par sa valeur dans l'une ou l'autre des équations du système, par exemple dans la deuxième :

$1 = 5 \times \frac{2}{3} + p$ et donc $p = -\frac{7}{3}$. Par suite :

$$\boxed{(AB) : y = \frac{2}{3}x - \frac{7}{3}}$$

2ème méthode.

On utilise la formule donnant le coefficient directeur de la droite (AB) :

$m = \frac{y_B - y_A}{x_B - x_A}$

$m = \frac{1-(-1)}{5-2}$

$m = \frac{2}{3}.$

D'autre part, comme dans la première méthode, on a $y_A = mx_A + p$ (ou bien $y_B = mx_B + p$ évidemment) : $-1 = 2m + p$. On remplace m par sa valeur :

$-1 = 2 \times \frac{2}{3} + p$ et donc $p = -\frac{7}{3}.$

On conclut de la même façon en donnant l'équation de (AB).

4. I est le point d'intersection de (D) et de (AB). Il est donc sur chacune de ces deux droites, et ses coordonnées vérifient les équations des deux droites : $y_I = \frac{1}{3}x_I - 1$ et $y_I = \frac{2}{3}x_I - \frac{7}{3}$. En d'autres termes, les coordonnées de I vérifient le système : $\begin{cases} y_I = \frac{1}{3}x_I - 1 \\ y_I = \frac{2}{3}x_I - \frac{7}{3} \end{cases}$. On peut obtenir directement une équation à une inconnue : $\frac{1}{3}x_I - 1 = \frac{2}{3}x_I - \frac{7}{3}$. Résolvons-la :

$\frac{1}{3}x_I - \frac{2}{3}x_I = 1 - \frac{7}{3} \Leftrightarrow \frac{-1}{3}x_I = -\frac{4}{3} \Leftrightarrow x_I = -\frac{4}{3} \times \frac{3}{-1} = 4.$

On remplace alors dans l'une ou l'autre des équations :

$y_I = \frac{1}{3}x_I - 1 = \frac{1}{3} \times 4 - 1 = \frac{1}{3}$. Par suite :

$$\boxed{I\left(4\ ;\ \frac{1}{3}\right)}$$

Remarque : si on appelle f et g les fonctions affines dont (D) et (AB) sont les représentations graphiques, c'est-à-dire $f(x) = \frac{1}{3}x - 1$ et $g(x) = \frac{2}{3}x - \frac{7}{3}$, le chapitre précédent nous dit que l'abscisse du point d'intersection de (D) et (AB) est la solution de l'équation $f(x) = g(x)$ (§ 2.5.). C'est précisément cette équation qu'on résout ici en écrivant $\frac{1}{3}x_I - 1 = \frac{2}{3}x_I - \frac{7}{3}$. Ici aussi donc, rien de bien nouveau, si ce n'est la façon d'aborder le problème et le vocabulaire utilisé.

2. EQUATION CARTESIENNE. SYSTEMES

2.1. Théorème et définition

Toute droite (verticale ou non) possède une équation pouvant se mettre sous la forme :

$$ax+by+c=0.$$

Cette équation est appelée équation cartésienne de la droite (en opposition à équation réduite).

2.2. Droites parallèles

Soit (D) et (D') deux droites.

- Si (D) et (D') ne sont pas verticales et ont des équations réduites $y=mx+p$ et $y=m'x+p'$:

$$(D)\,/\!/\,(D') \Leftrightarrow m=m'.$$

  Deux droites sont parallèles uniquement si elles ont des coefficients directeurs égaux.
- Si l'une ou l'autre (ou les deux) droite est verticale, il est évident de savoir si elles sont parallèles ou non.
- Si (D) et (D') ont des équations cartésiennes $ax+by+c=0$ et $a'x+b'y+c'=0$:

$$(D)\,/\!/\,(D') \Leftrightarrow ab'-ba'=0.$$

2.3. Système et intersection de droites

Soit (D) : $ax+by+c=0$ et (D') : $a'x+b'y+c'=0$.

Le système de deux équations à deux inconnues $\begin{cases} ax+by+c=0 \\ a'x+b'y+c'=0 \end{cases}$ a pour solution les coordonnées du point d'intersection de (D) et (D').

- Si $ab'-ba'\neq 0$, les droites (D) et (D') ne sont pas parallèles et le système possède une unique solution.

- Si $ab'-ba'=0$, le système possède soit aucune solution (les droites sont strictement parallèles), soit une infinité de solutions (les droites sont confondues).

La quantité $ab'-ba'$ est parfois appelée déterminant du système.

2.4. Méthodes de résolution d'un système linéaire

On appelle système linéaire de deux équations à deux inconnues tout système pouvant se mettre sous la forme $\begin{cases} ax+by+c=0 \\ a'x+b'y+c'=0 \end{cases}$.

Dans les deux méthodes exposées ci-dessous, il s'agit d'obtenir une équation à une inconnue.

- Résolution par substitution.
  On exprime, à l'aide de l'une des deux équations, une inconnue en fonction de l'autre, et on remplace celle-ci dans la deuxième équation.
- Résolution par combinaison.
  On cherche une combinaison des deux équations permettant de supprimer l'une des deux inconnues.

Le choix de l'une ou l'autre des méthodes dépend des situations.

Exemple : résolution de $\begin{cases} 2x-3y+1=0 \\ -x+2y-3=0 \end{cases}$.

On a $2\times 2-(-1)\times(-3)=1\neq 0$, donc ce système possède une unique solution.

- Par substitution.
  Il faut éviter de faire des calculs compliqués… Le plus simple ici est d'exprimer, à l'aide de la deuxième équation, x en fonction de y : $2y-3=x$.
  On remplace alors x par $2y-3$ dans la première équation :
  $2(2y-3)-3y+1=0$. On a ainsi obtenu une équation à une inconnue, qu'il reste à résoudre :
  $4y-6-3y+1=0$, et on trouve $y=5$.
  Pour déterminer la valeur de x, on remplace y par sa valeur dans l'une ou l'autre des équations. Par exemple dans la deuxième "modifiée" : $2y-3=x$.
  $x=2\times 5-3=7$.
  La solution du système est donc le couple $(7\ ;\ 5)$.
- Par combinaison.
  Dans les deux équations, les coefficients de x sont simples, donc on peut trouver une combinaison simple des deux équations permettant d'éliminer x : on commence par multiplier la deuxième équation par 2 :

$\begin{cases} 2x-3y+1=0 \\ -2x+4y-6=0 \end{cases}$, puis on ajoute ces deux équations :

$2x-2x-3y+4y+1-6=0+0$, soit : $y-5=0$ et donc $y=5$.

Pour déterminer x, on peut soit remplacer y par sa valeur dans l'une ou l'autre des équations, soit recommencer et trouver une combinaison des deux équations permettant cette fois d'éliminer y. Choisissons cette deuxième possibilité.

On multiplie la première équation par 2 et la deuxième par 3 :

$\begin{cases} 4x-6y+2=0 \\ -3x+6y-9=0 \end{cases}$, puis on ajoute ces deux équations :

$x-7=0$, soit $x=7$.

La solution du système est donc le couple $(7\ ;\ 5)$.

✍ Exercice d'application 2

Soit (D) : $-2x-y=1$, $A(3\ ;\ 6)$ et $B(-1\ ;\ 2)$.

1. Déterminer l'équation réduite de (D).

2. Justifier que les points A et B n'appartiennent pas à (D) et déterminer les équations réduites des droites (D_1) et (D_2), parallèles à (D) et passant respectivement par A et B.

3. Les droites (D) et (AB) sont-elles parallèles ?

4. Déterminer l'équation réduite de la droite (AB) et déterminer les coordonnées du point d'intersection des droites (D) et (AB).

Corrigé

1. Pour déterminer une équation réduite à partir d'une équation cartésienne, il suffit d'isoler y :

$-y=2x+1$ et donc :

$$\boxed{(D) : y=-2x-1}$$

2. Il s'agit de savoir si les coordonnées de A vérifient ou non une équation de la droite (D). Pour cela, on peut utiliser aussi bien l'équation cartésienne donnée par l'énoncé que l'équation réduite déterminée à la question ci-dessus. Utilisons l'équation cartésienne :

$-2x_A - y_A = -2\times 3 - 6 = -12 \neq 1$. Les coordonnées de A ne vérifient pas l'équation de (D), et donc :

$$\boxed{A \notin (D)}$$

De même, pour le point B :
$-2x_B - y_B = -2\times(-1) - 2 = 0 \neq 1$ et donc :

$$\boxed{B \notin (D)}$$

La droite (D_1) est parallèle à la droite (D), donc n'est pas verticale ((D) n'est elle-même pas verticale car admet une équation réduite de la forme $y = mx + p$), et admet une équation réduite de la forme $y = mx + p$.
D'une part, (D_1) et (D) sont parallèles, donc ont le même coefficient directeur. Celui de (D) a été obtenu à la première question ; il vient : $m = -2$.
D'autre part, (D_1) passe par A, donc les coordonnées de A vérifient l'équation de (D_1) : $y_A = mx_A + p$. On remplace :
$6 = -2\times 3 + p$ et donc $p = 12$. Par conséquent :

$$\boxed{(D_1) : y = -2x + 12}$$

On procède de même pour la droite (D_2) : soit $y = mx + p$ l'équation réduite de (D_2). Par un raisonnement identique à ci-dessus, on trouve évidemment $m = -2$.
Les coordonnées de B vérifient l'équation de (D_2), donc : $y_B = mx_B + p$, soit $2 = -2\times(-1) + p$ et donc $p = 0$. Par suite :

$$\boxed{(D_2) : y = -2x}$$

3. Pour savoir si (D) et (AB) sont parallèles ou non, il suffit de savoir si elles ont le même coefficient directeur ou non. On connaît déjà celui de (D) ; déterminons celui de (AB) :

$$m_{(AB)} = \frac{y_B - y_A}{x_B - x_A}$$
$$= \frac{2-6}{-1-3} = 1. \text{ Par suite :}$$

$$\boxed{(D) \text{ et } (AB) \text{ ne sont pas parallèles}}$$

4. La droite (AB) n'est pas verticale (A et B n'ont pas la même abscisse), donc a une équation réduite de la forme $y = mx + p$. On sait déjà que $m = 1$ (question précédente). D'autre part, $A \in (AB)$, donc : $y_A = mx_A + p$. On remplace : $6 = 1\times 3 + p$, d'où $p = 3$. En conclusion :

$$\boxed{(AB) : y = x + 3}$$

Pour déterminer les coordonnées du point d'intersection I de (D) et de (AB), on résout le système formé par les deux équations de ces deux droites : $\begin{cases} -2x - y = 1 \\ y = x + 3 \end{cases}$.

En ajoutant simplement ces deux équations, il vient : $-2x = 1 + x + 3$, d'où $x = -\frac{4}{3}$.

En remplaçant dans la deuxième équation : $y = -\frac{4}{3} + 3 = \frac{5}{3}$. Ainsi :

$$\boxed{I\left(-\frac{4}{3}\ ;\ \frac{5}{3}\right)}$$

Exercice d'application 3

Soit $\Delta\ :\ x + 2y - 1 = 0$ et $(D_m)\ :\ 2x + m^2 y + m = 0$ (où m est un réel quelconque).

1. Tracer les droites Δ, (D_1), (D_{-1}) et (D_3).
2. Existe-t-il une valeur de m pour laquelle la droite (D_m) est verticale ?
3. Montrer qu'il existe deux valeurs de m, que l'on déterminera, pour lesquelles les droites (D_m) et Δ sont parallèles. Sont-elles alors strictement parallèles, ou confondues ?
4. Déterminer les coordonnées du point I_1, intersection des droites Δ et (D_1), puis du point I_{-1}, intersection des droites Δ et (D_{-1}).
5. Dans le cas général, montrer que, lorsque (D_m) et Δ ne sont pas parallèles, leur point d'intersection I_m a pour coordonnées $\left(\frac{m}{m-2}\ ;\ \frac{-1}{m-2}\right)$.
6. Est-il possible que le point I_m appartienne à la droite $\Delta'\ :\ y = x + 3$?

Corrigé

1. Pour tracer ces droites, il n'est pas nécessaire de déterminer leurs équations réduites ; on peut dresser les tableaux de valeurs directement :
Pour $\Delta\ :\ x + 2y - 1 = 0$:

x	1	3
y	0	-1

Pour $(D_1)\ :\ 2x + y + 1 = 0$:

x	0	3
y	-1	-7

Pour (D_{-1}) : $2x+y-1=0$:

x	0	2
y	1	-3

Pour (D_3) : $2x+9y+3=0$:

x	0	3
y	$-1/3$	-1

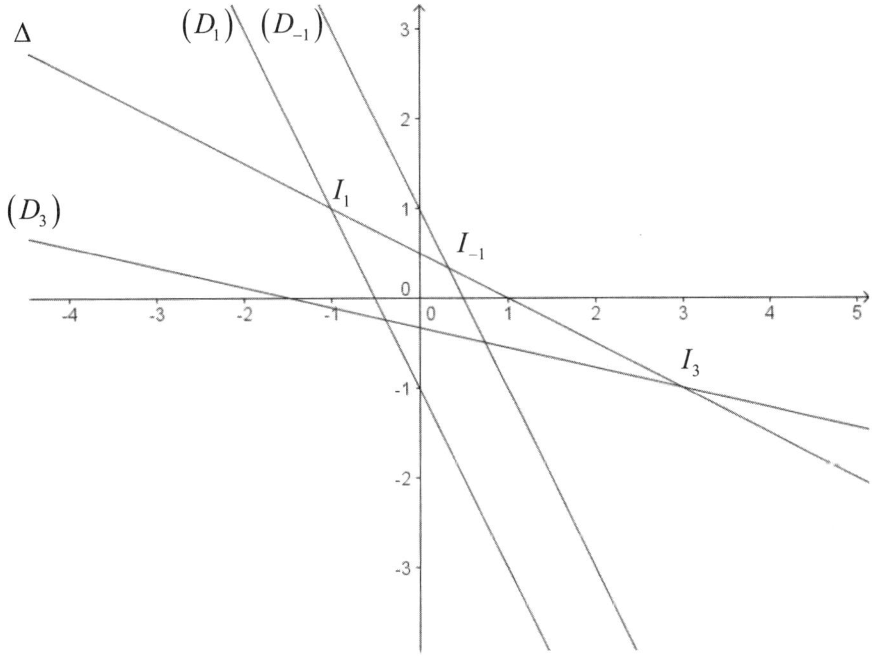

2. Dire que la droite (D_m) est verticale revient à dire qu'elle admet une équation réduite de la forme $x=k$, où k est une constante. En d'autres termes, son équation doit ne plus contenir de terme en y. La seule possibilité pour cela est que le coefficient de y, dans l'équation cartésienne de (D_m), soit égal à 0 : $m^2=0$, c'est-à-dire $m=0$:

$$\boxed{(D_m) \text{ est verticale uniquement lorsque } m=0}$$

3. Dire que (D_m) et Δ sont parallèles revient à dire que $1\times m^2-2\times 2=0$ (voir § 2.3.), donc que $m^2=4$, donc que $m=2$ ou $m=-2$:

$$\boxed{(D_m) \,//\, \Delta \Leftrightarrow m=2 \text{ ou } m=-2}$$

(Il aurait été maladroit et inutile de vouloir à tout prix raisonner sur des équations réduites.)

Reste à savoir si (D_2) et (D_{-2}) sont strictement parallèles ou confondues à Δ.

Pour cela, examinons les équations de ces deux droites :

(D_2) : $2x+4y+2=0$ et (D_{-2}) : $2x+4y-2=0$. Ces deux équations peuvent être simplifiées par 2 :
(D_2) : $x+2y+1=0$ et (D_{-2}) : $x+2y-1=0$.
On s'aperçoit que (D_{-2}) et Δ ont une même équation, donc :

$$\boxed{(D_{-2}) \text{ et } \Delta \text{ sont confondues}}$$

D'autre part, on vérifie aisément que le système $\begin{cases} x+2y-1=0 \\ x+2y+1=0 \end{cases}$ n'a pas de solution, donc les droites Δ et (D_2) n'ont pas de point d'intersection, et donc :

$$\boxed{(D_2) \text{ et } \Delta \text{ sont strictement parallèles}}$$

4. Les coordonnées de I_1 sont solutions du système $\begin{cases} x+2y-1=0 \\ 2x+y+1=0 \end{cases}$.

Les seules droites (D_m) parallèles à Δ sont les droites (D_2) et (D_{-2}), donc la droite (D_1) n'est pas parallèle à la droite Δ, et donc le système ci-dessus a une unique solution (ce que le lecteur sceptique peut vérifier en calculant le déterminant du système : $1\times 1-2\times 2=-3\neq 0$).

En multipliant la première équation par 2 : $\begin{cases} 2x+4y-2=0 \\ 2x+y+1=0 \end{cases}$ puis, en soustrayant la deuxième à la première, on obtient : $4y-y-2-1=0$, et il vient $y=1$.
En remplaçant dans la deuxième équation par exemple : $2x+1+1=0$, d'où $x=-1$:

$$\boxed{I_1(-1\ ;\ 1)}$$

De même, pour déterminer les coordonnées de I_{-1}, on résout $\begin{cases} x+2y-1=0 \\ 2x+y-1=0 \end{cases}$. Les mêmes combinaisons que ci-dessus permettent d'éliminer x et on obtient l'équation $4y-y-2+1=0$, et il vient $y=\frac{1}{3}$. En remplaçant : $2x+\frac{1}{3}-1=0$, d'où $2x=\frac{2}{3}$ et $x=\frac{1}{3}$:

$$\boxed{I_{-1}\left(\frac{1}{3}\ ;\ \frac{1}{3}\right)}$$

5. Dire que (D_m) et Δ ne sont pas parallèles revient à dire que $m\neq 2$ et que $m\neq -2$. Sous ces conditions, il faut résoudre le système $\begin{cases} x+2y-1=0 \\ 2x+m^2y+m=0 \end{cases}$.

En multipliant la première équation par 2 : $\begin{cases} 2x+4y-2=0 \\ 2x+m^2y+m=0 \end{cases}$; en soustrayant la première à la deuxième, on obtient :

$m^2y-4y+m+2=0$, d'où $\left(m^2-4\right)y=-(m+2)$. Comme on est dans le cas où $m\neq 2$ et $m\neq -2$, on sait que $m^2\neq 4$, donc que $m^2-4\neq 0$. On peut donc diviser par m^2-4 : $y=\dfrac{-(m+2)}{m^2-4}$. On va pouvoir simplifier cette fraction, après avoir factorisé le dénominateur : $y=\dfrac{-(m+2)}{(m-2)(m+2)}$, et donc $y=\dfrac{-1}{m-2}$. On remplace dans la première équation (plus simple) pour trouver x : $x+2\times\dfrac{-1}{m-2}-1=0$, d'où $x=\dfrac{2}{m-2}+1=\dfrac{2+m-2}{m-2}$, d'où : $x=\dfrac{m}{m-2}$. Par suite :

$$\boxed{I_m\left(\frac{m}{m-2}\ ;\ \frac{-1}{m-2}\right)}$$

6. Dire que I_m appartient à Δ' revient à dire que ses coordonnées vérifient l'équation de Δ' :

$I_m\in\Delta' \Leftrightarrow y_{I_m}=x_{I_m}+3 \Leftrightarrow \dfrac{m}{m-2}=\dfrac{-1}{m-2}+3$. Résolvons donc cette équation :

On peut commencer par tout multiplier par $m-2$ (qui est non nul, on est toujours dans le cas $m\neq 2$ et $m\neq -2$) :

$m=-1+3(m-2) \Leftrightarrow m=-1+3m-6 \Leftrightarrow -2m=-7 \Leftrightarrow m=\dfrac{7}{2}$. Ainsi :

$$\boxed{I_m\in\Delta' \Leftrightarrow m=\frac{7}{2}}$$

✍ Exercice d'application 4

1. Résoudre le système : $\begin{cases} X+Y-7=0 \\ 2X-Y+1=0 \end{cases}$.

2. En déduire les solutions de système $\begin{cases} x^2+y^2-7=0 \\ 2x^2-y^2+1=0 \end{cases}$.

Corrigé

1. Notons que le déterminant de ce système vaut $1\times(-1)-2\times1=-3\neq0$, celui-ci possède donc une unique solution. La résolution s'effectue alors sans problème : l'addition des deux équations donne $3X-6=0$, d'où $X=2$. En remplaçant dans le première équation : $2+Y-7=0$, et $Y=5$. La solution du système est donc :

$$\boxed{(X\ ;\ Y)=(2\ ;\ 5)}$$

2. Il s'agit ici de résoudre un système *non linéaire* ; chacune des équations du système n'est pas une équation de droite. On ne sait pas, en général, résoudre un tel système. Dans ce cas particulier, il est clair que ce système à quelque chose à voir avec celui de la première question… Plus précisément, on voit que x^2 et y^2 jouent les rôles de X et Y. Ainsi, si on appelle x^2 X et y^2 Y, c'est-à-dire si on effectue le changement d'inconnues $X=x^2$ et $Y=y^2$, on se ramène au système de la première question. Plus rigoureusement, on peut écrire :

$$\begin{cases}x^2+y^2-7=0\\2x^2-y^2+1=0\end{cases}\Leftrightarrow\begin{cases}X+Y-7=0\\2X-Y+1=0\\X=x^2 \text{ et } Y=y^2\end{cases}.$$

Le système ainsi posé a déjà été résolu : $\begin{cases}X=2\\Y=5\\X=x^2 \text{ et } Y=y^2\end{cases}.$

Il vient alors : $\begin{cases}x^2=2\\y^2=5\end{cases}$, d'où : $\begin{cases}x=\sqrt{2} \text{ ou } x=-\sqrt{2}\\y=\sqrt{5} \text{ ou } y=-\sqrt{5}\end{cases}.$

Le système possède donc quatre couples solutions :

$$\boxed{\left(\sqrt{2}\ ;\ \sqrt{5}\right),\ \left(-\sqrt{2}\ ;\ \sqrt{5}\right),\ \left(\sqrt{2}\ ;\ -\sqrt{5}\right) \text{ et } \left(-\sqrt{2}\ ;\ -\sqrt{5}\right)}$$

Remarque : on sait que la résolution du système $\begin{cases}X+Y-7=0\\2X-Y+1=0\end{cases}$ correspond graphiquement à la détermination des coordonnées du point d'intersection des droites d'équations $X+Y-7=0$ et $2X-Y+1=0$. Le lecteur perspicace et curieux ne manquera pas de se demander si la résolution du système $\begin{cases}x^2+y^2-7=0\\2x^2-y^2+1=0\end{cases}$ possède elle aussi une interprétation géométrique… La réponse est oui : on obtient ainsi les coordonnées des points d'intersection des courbes d'équations $x^2+y^2-7=0$ et $2x^2-y^2+1=0$, dont l'étude nous emmènerait beaucoup trop loin du programme de seconde. Cela dit, le lecteur disposant d'un logiciel de géométrie peut tracer les ensembles de points correspondant à chacune de ces équations, et constater (autant qu'une lecture graphique le permet) que les couples solutions déterminés ci-dessus sont les coordonnées des points d'intersection des deux ensembles :

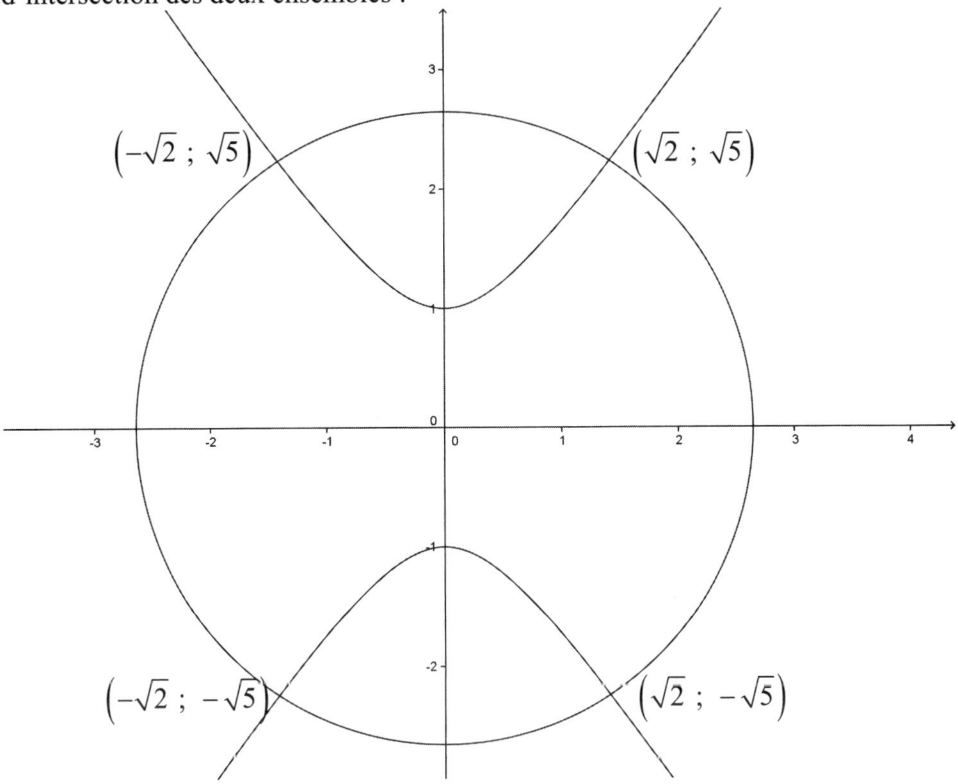

5

Fonctions de référence. Théorèmes de rangement

1. FONCTIONS USUELLES

1.1. Les fonctions affines

1.1.1 Définition et propriétés

On renvoie le lecteur au chapitre précédent pour la définition et les propriétés graphiques.
Une fonction affine $x \mapsto mx + p$ est :

- Strictement croissante sur $\mathbb{R}$ si $m > 0$;
- Strictement décroissante sur $\mathbb{R}$ si $m < 0$;
- Constante sur $\mathbb{R}$ si $m = 0$.

Remarque : on retrouve ainsi graphiquement le signe de $mx + p$ déjà étudié au premier chapitre (il s'agissait de $ax + b$ mais peu importe le nom) ; avec $x_0 = -p/m$:

si $m > 0$:

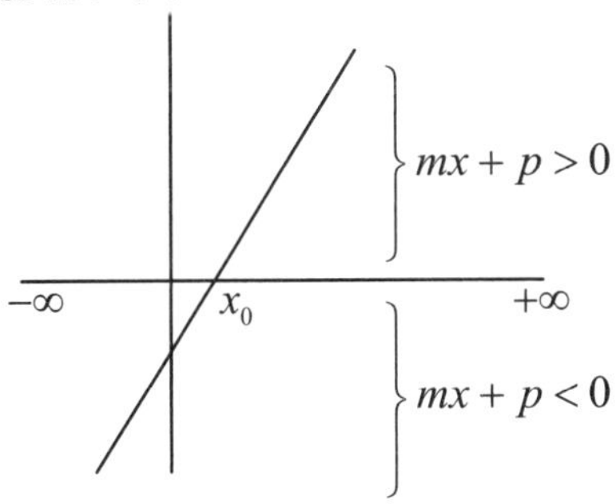

si $m < 0$:

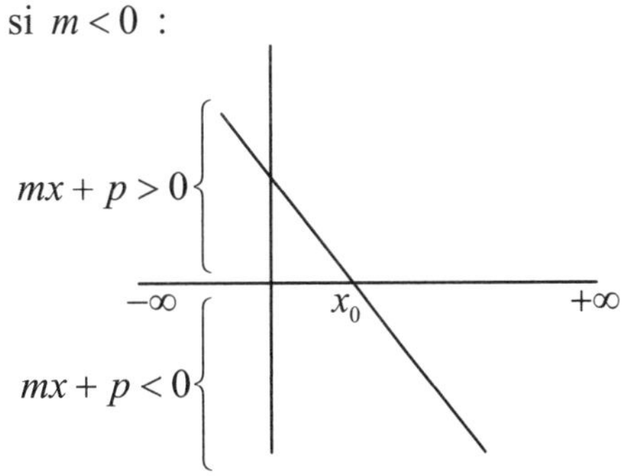

1.1.2 Théorèmes de rangement

Soit a et b deux réels.

- $a < b \Leftrightarrow a + p < b + p$ pour tout réel p ;

- Si $m>0$: $a<b \Leftrightarrow ma<mb$.
- Si $m<0$: $a<b \Leftrightarrow ma>mb$.

Remarque : Ces théorèmes ne sont pas nouveaux (voir chapitre 1) ; ils apparaissent ici comme des conséquences des variations d'une fonction affine.

1.2. La fonction carré

1.2.1 Définition et propriétés

C'est la fonction définie sur $\mathbb{R}$ par : $f(x)=x^2$.

La fonction *f* est strictement décroissante sur $]-\infty\ ;\ 0]$ et strictement croissante sur $[0\ ;\ +\infty[$.

Elle vérifie la propriété : pour tout *x* réel, $f(-x)=f(x)$. On dit que la fonction *f* est paire. Sa courbe représentative, comme toute courbe représentative de fonction paire, est symétrique par rapport à l'axe des ordonnées du repère.

1.2.2 Courbe représentative

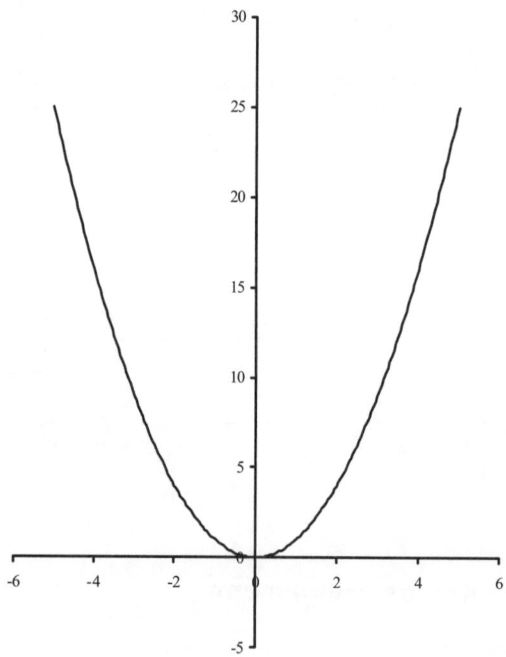

Une telle courbe est appelée parabole.

1.2.3 Théorème de rangement

Soit a et b deux réels.

- Si a et b sont positifs : $a \leq b \Leftrightarrow a^2 \leq b^2$ (deux nombres positifs sont rangés dans le même ordre que leurs carrés) :
- si a et b sont négatifs : $a \leq b \Leftrightarrow a^2 \geq b^2$ (deux nombres négatifs sont rangés dans l' ordre inverse de leurs carrés) ;
- si a et b ne sont pas de même signe, on ne peut pas, en général, comparer leurs carrés.

1.3. Les fonctions trinômes

1.3.1 Définition et propriétés

On appelle fonction trinôme (ou, simplement, trinôme) toute fonction définie par une expression de la forme $f(x) = ax^2 + bx + c$, où a, b et c sont trois constantes (avec $a \neq 0$). Le coefficient a est parfois appelé coefficient dominant du trinôme.
La fonction carrée étudiée ci-dessus en est un cas particulier.
Un trinôme est :

- Décroissant sur $\left]-\infty\,;\, -\dfrac{b}{2a}\right[$ et croissant sur $\left]-\dfrac{b}{2a}\,;\, +\infty\right[$ si $a > 0$.
- Croissant sur $\left]-\infty\,;\, -\dfrac{b}{2a}\right[$ et décroissant sur $\left]-\dfrac{b}{2a}\,;\, +\infty\right[$ si $a < 0$.

Un trinôme possède un extremum en $x = -\dfrac{b}{2a}$; il s'agit d'un minimum si $a > 0$ et d'un maximum si $a < 0$.
On peut résumer tout cela dans deux tableaux de variations :

Si $a > 0$:

x	$-\infty$	$-b/2a$	$+\infty$
ax^2+bx+c	↘		↗

Si $a < 0$:

x	$-\infty$	$-b/2a$	$+\infty$
ax^2+bx+c	↗		↘

1.3.2 Courbe représentative

Les courbes représentatives des trinômes s'appellent aussi des paraboles ; le point d'abscisse $-\frac{b}{2a}$ (c'est-à-dire le point où le trinôme atteint son extremum) est appelé sommet de la parabole. Une parabole possède un axe de symétrie d'équation $x=-\frac{b}{2a}$ (l'axe de symétrie de la parabole passe donc par son sommet). Bref :

Si $a>0$:

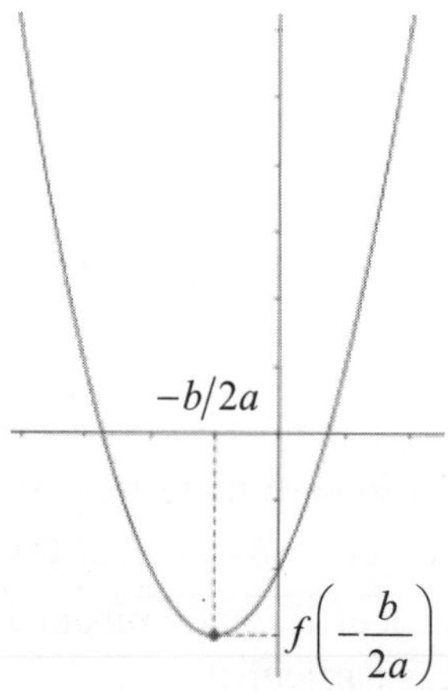

Si $a<0$:

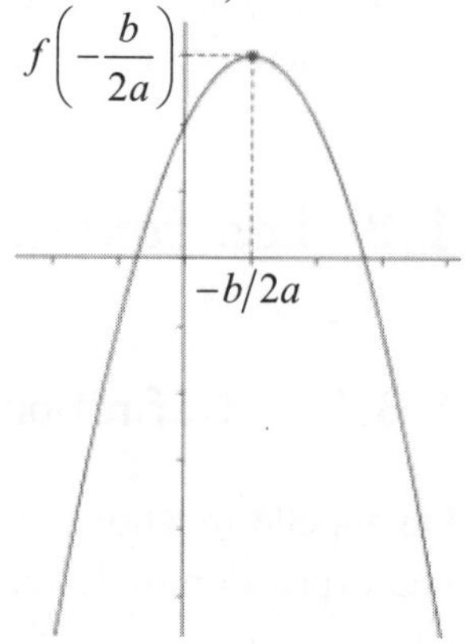

Exercice d'application 1

Dresser les tableaux de variations des fonctions suivantes (après avoir vérifié qu'il s'agissait bien de trinômes) :

$f(x)=x^2-x+\frac{5}{2}$; $g(x)=(x+2)(-x-4)$; $h(x)=-\frac{1}{2}(2x-2)^2-3$.

Corrigé

f est clairement un trinôme (avec $a=1$, $b=-1$ et $c=\frac{5}{2}$). a étant positif, f est d'abord décroissante, puis ensuite croissante ; pour la même raison, f possède un extremum qui est un minimum en $-\frac{b}{2a}=-\frac{-1}{2\times 1}=\frac{1}{2}$, et ce minimum vaut $f\left(\frac{1}{2}\right)=\left(\frac{1}{2}\right)^2-\frac{1}{2}+\frac{5}{2}=\frac{9}{4}$ (ce qu'on peut vérifier en faisant le calcul habituel de

$f(x)-f\left(\frac{1}{2}\right)$, auquel cas on trouve comme résultat $\left(x-\frac{1}{2}\right)^2 \geq 0$). D'où le tableau de variations de *f* :

x	$-\infty$	$1/2$	$+\infty$
$f(x)$	$\searrow$	$9/4$	$\nearrow$

On procède de même pour *g*, après avoir développé pour se ramener à une écriture de la forme $g(x)=ax^2+bx+c$:

$g(x)=(x+2)(-x-4)=-x^2-2x-4x-8=-x^2-6x-8.$

Le coefficient dominant de *g* est négatif, donc *g* est d'abord croissante, puis décroissante, et possède un maximum en $-\frac{b}{2a}=-\frac{-6}{2\times(-1)}=-3$, et ce maximum vaut $g(-3)=(-3+2)(3-4)=1$. D'où :

x	$-\infty$	-3	$+\infty$
$g(x)$	$\nearrow$	1	$\searrow$

On commence par développer $h(x)$:

$$h(x)=-\frac{1}{2}(2x-2)^2-3=-\frac{1}{2}\left(4x^2-8x+4\right)-3$$
$$=-2x^2+4x-2-3$$

$h(x)=-2x^2+4x-5.$

Les différents calculs et raisonnements sont alors les mêmes que pour *g*, et on trouve :

x	$-\infty$	1	$+\infty$
$g(x)$	$\nearrow$	-3	$\searrow$

1.4. La fonction inverse

1.4.1 Définition et propriétés

C'est la fonction définie sur $\mathbb{R}^*$ par : $f(x)=\frac{1}{x}$.

La fonction *f* est strictement décroissante sur $]-\infty\ ;\ 0[$ et strictement décroissante sur $]0\ ;\ +\infty[$.

Elle vérifie la propriété : pour tout x réel non nul, $f(-x)=-f(x)$. On dit que la fonction *f* est impaire. Sa courbe représentative, comme toute courbe représentative de fonction impaire, est symétrique par rapport à l'origine du repère.

1.4.2 Courbe représentative

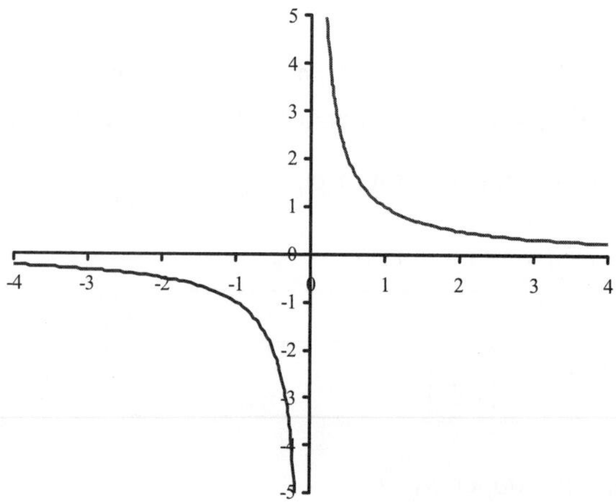

Une telle courbe est appelée hyperbole.

1.4.3 Théorèmes de rangement

Soit a et b deux réels non nuls.

- Si a et b sont strictement positifs : $a<b \Leftrightarrow \frac{1}{a}>\frac{1}{b}$.
- Si a et b sont strictement négatifs : $a<b \Leftrightarrow \frac{1}{a}>\frac{1}{b}$.

Exercice d'application 2

Soit a un réel de l'intervalle $[1\ ;\ 4]$. Encadrer lorsque c'est possible les nombres suivants :

$$2a-3\ ;\ 2(a-3)\ ;\ a^2-2\ ;\ (a-2)^2\ ;\ \frac{1}{a+2}\ ;\ \frac{1}{a-2}.$$

Corrigé

$1 \le a \le 4$ donc $2 \le 2a \le 8$ (car 2 est positif), et donc :

$$\boxed{-1 \le 2a-3 \le 5}$$

$1 \le a \le 4$ donc $-2 \le a-3 \le 1$ et donc :

$$\boxed{-4 \le 2(a-3) \le 2}$$

(car 2 est positif).

$1 \le a \le 4$ donc $1 \le a^2 \le 16$ (on peut tout élever au carré sans changer le sens des inégalités car tout est positif), et donc :

$$\boxed{-1 \le a^2-2 \le 14}$$

$1 \le a \le 4$ donc $-1 \le a-2 \le 2$. Les nombres -1, $a-2$ et 2 ne sont pas tous de même signe, donc :

$$\boxed{\text{on ne peut pas encadrer } (a-2)^2}$$

Le lecteur tenace pourra toutefois encadrer $(a-2)^2$ en distinguant deux cas, suivant que $a-2$ est positif ou négatif (pour pouvoir élever au carré) ; dans le premier cas, il trouvera $0 \le (a-2)^2 \le 4$, et dans le second cas, $0 \le (a-2)^2 \le 1$, et conclure que, dans les deux cas, $0 \le (a-2)^2 \le 4$.

$1 \le a \le 4$ donc $3 \le a+2 \le 6$, et donc :

$$\boxed{\frac{1}{3} \ge \frac{1}{a+2} \ge \frac{1}{6}}$$

(On peut "passer à l'inverse" car 3, $a+2$ et 6 sont strictement positifs).

$1 \le a \le 4$, donc $-1 \le a-2 \le 2$. -1, $a-2$ et 2 ne sont pas de même signe, donc on ne peut pas "passer à l'inverse" :

$$\boxed{\text{on ne peut pas encadrer } \frac{1}{a-2}}$$

✍ Exercice d'application 3

On pose : $a = \sqrt{6} - 1$ et $b = \sqrt{3} - \sqrt{2}$. Comparer a et b.

Corrigé

Dans une situation pareille, la méthode classique (calcul de la différence $a-b$ et étude du signe du résultat) n'aboutirait pas à grand chose. L'idée ici est de comparer les carrés des deux nombres proposés ; le théorème de rangement des carrés permettra alors, si on connaît les signes de a et b, d'en déduire la comparaison de a et b.

Dans un premier temps, calculons a^2 et b^2 :

$a^2 = \left(\sqrt{6}-1\right)^2 = 6-2\sqrt{6}+1 = 7-2\sqrt{6}.$

$b^2 = \left(\sqrt{3}-\sqrt{2}\right)^2 = 3-2\sqrt{3}\times\sqrt{2}+2 = 5-2\sqrt{6}.$

Clairement, $a^2 > b^2$. De plus, a et b sont positifs (de façon assez évidente, $\sqrt{6}>1$ donc $a>0$ et $\sqrt{3}>\sqrt{2}$ donc $b>0$), donc :

$$\boxed{a>b}$$

✍ Exercice d'application 4

Etudier les variations des fonctions f et g définies par : $f(x)=\dfrac{-3}{x-1}+2$ et $g(x)=\dfrac{1}{(x-2)^2}$.

Corrigé

L'idée est la même que d'habitude : on se donne deux réels a et b tels que $a<b$ et on cherche à comparer $f(a)$ et $f(b)$. On pourrait bien sûr calculer la différence $f(a)-f(b)$ et étudier le signe du résultat, mais les différents théorèmes de rangement vont permettre d'aller plus vite et de faire moins de calculs.

On va partir de l'inégalité $a<b$, et appliquer successivement les différentes opérations permettant d'arriver d'un côté à $f(a)$, de l'autre côté à $f(b)$. Plus précisément, à partir de x, la valeur de $f(x)$ s'obtient en enlevant 1, puis en prenant l'inverse, puis en multipliant par -3, puis en ajoutant 2 ; ce qu'on peut schématiser de la façon suivante :

$$x \xrightarrow{-1} x-1 \xrightarrow{\text{inverse}} \frac{1}{x-1} \xrightarrow{\times(-3)} \frac{-3}{x-1} \xrightarrow{+2} \frac{-3}{x-1}+2 = f(x).$$

On a : $a<b$

Donc $a-1<b-1$.

On a alors besoin de distinguer deux cas, puisque $a-1$ et $b-1$ doivent être de même signe pour pouvoir "passer à l'inverse".

1er cas : sur l'intervalle $]-\infty\ ;\ 1[$.

Sur cette intervalle, $a-1$ et $b-1$ sont strictement négatifs, donc :

$$\frac{1}{a-1} > \frac{1}{b-1}$$

$\frac{-3}{a-1} < \frac{-3}{b-1}$ (car -3 est négatif)

$\frac{-3}{a-1} + 2 < \frac{-3}{b-1} + 2$

$f(a) < f(b)$ et donc :

$$\boxed{f \text{ est croissante sur }]-\infty\ ;\ 1[}$$

2ème cas : sur l'intervalle $]1\ ;\ +\infty[$.

Sur cette intervalle, $a-1$ et $b-1$ sont strictement positifs, donc :

$\frac{1}{a-1} > \frac{1}{b-1}$

$\frac{-3}{a-1} < \frac{-3}{b-1}$ (car -3 est négatif)

$\frac{-3}{a-1} + 2 < \frac{-3}{b-1} + 2$

$f(a) < f(b)$ et donc :

$$\boxed{f \text{ est croissante sur }]1\ ;\ +\infty[}$$

Pour l'étude des variations de *g*, on va procéder de la même façon, dès qu'on aura déterminé son ensemble de définition : clairement, 2 est valeur interdite, et c'est la seule ; *g* est donc définie sur $]-\infty\ ;\ 2[\cup]2\ ;\ +\infty[$. En suivant la même méthode que pour l'étude de *f*, on peut schématiser le calcul de $g(x)$ de la façon suivante :

$$x \xrightarrow{-2} x-2 \xrightarrow{\text{au carré}} (x-2)^2 \xrightarrow{\text{inverse}} \frac{1}{(x-2)^2} = g(x).$$

Prenons deux réels *a* et *b* (différents de 2) tels que $a < b$. On a :

$a-2 < b-2$.

On a alors besoin d'élever au carré, ce qui ne peut se faire qu'en connaissant les signes de $a-2$ et de $b-2$; on est donc obligé de distinguer deux cas :

1er cas : sur l'intervalle $]-\infty\ ;\ 2[$.

Sur cet intervalle, $a-2$ et $b-2$ sont strictement négatifs, donc :

$(a-2)^2 > (b-2)^2$. On peut alors "passer à l'inverse", puisque $(a-2)^2$ et $(b-2)^2$ sont strictement positifs :

$\frac{1}{(a-2)^2} < \frac{1}{(b-2)^2}$

$g(a) < g(b)$. Par suite :

$$\boxed{g \text{ est croissante sur }]-\infty\ ;\ 2[}$$

2ème cas : sur l'intervalle $]2\ ;\ +\infty[$.

Sur cet intervalle, $a-2$ et $b-2$ sont strictement positifs, donc :

$(a-2)^2 < (b-2)^2$. On peut alors "passer à l'inverse", puisque $(a-2)^2$ et $(b-2)^2$ sont strictement positifs :

$$\frac{1}{(a-2)^2} > \frac{1}{(b-2)^2}$$

$g(a) > g(b)$. Par suite :

$$\boxed{g \text{ est décroissante sur }]2\ ;\ +\infty[}$$

1.5. La fonction racine carrée

1.5.1 Définition et propriétés

C'est la fonction définie sur $\mathbb{R}_+$ par : $f(x) = \sqrt{x}$.

Par définition de la racine carrée, pour tout $x \geq 0$, $f(x) \geq 0$.

La fonction racine carrée est strictement croissante sur $\mathbb{R}_+$.

1.5.2 Courbe représentative

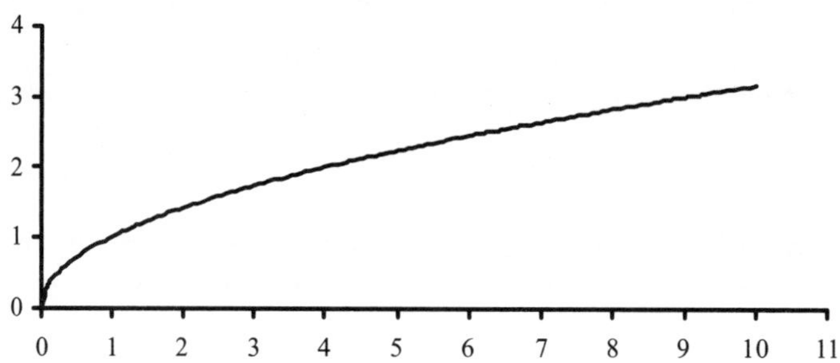

On peut démontrer que cette courbe est la symétrique, par rapport à la droite d'équation $y = x$, de la partie de la parabole d'équation $y = x^2$ correspondant aux x positifs.

1.5.3 Théorème de rangement

Soit a et b deux réels positifs. $a < b \Leftrightarrow \sqrt{a} < \sqrt{b}$.

6

Statistiques

1. VOCABULAIRE. CARACTERES D'UNE SERIE

Dans tout le chapitre, on considère des études statistiques sur des populations ayant des caractères quantitatifs (c'est-à-dire qui peuvent être mesurés) soit discrets (ne pouvant prendre que des valeurs isolées), soit continus (pouvant prendre toute valeur dans un intervalle).

1.1. Moyenne

On considère une série statistique dont les valeurs sont notées x_1, $x_2 \ldots$, x_p d'effectif total N.

L'effectif de chaque valeur x_i est noté n_i. La moyenne pondérée, notée $\overline{x}$, de cette série est donnée par :

$$\overline{x} = \frac{n_1 x_1 + n_2 x_2 + \ldots + n_p x_p}{N}$$

ce qu'on note aussi parfois :

$$\overline{x} = \frac{\sum_{i=1}^{i=p} n_i x_i}{N}.$$

La moyenne possède les propriétés suivantes :

- La moyenne est linéaire : si on augmente toutes les valeurs x_i de la série d'un nombre a, alors la moyenne de la série est augmentée de a ; si on multiplie toutes les valeurs x_i de la série par un nombre a, alors la moyenne de la série est multipliée par a.
- On rappelle que la fréquence de la valeur x_i d'effectif n_i est $f_i = \frac{n_i}{N}$. La moyenne peut être calculée par :

$$\overline{x} = f_1 x_1 + f_2 x_2 + \ldots + f_p x_p = \sum_{i=1}^{i=p} f_i x_i$$

- Si on connaît la moyenne "partielle" $\overline{x}_1$ d'une partie de l'effectif total d'effectif n_1 et la moyenne "partielle" $\overline{x}_2$ d'une partie de l'effectif total d'effectif n_2, alors la moyenne de l'ensemble des deux groupes est donnée par :

$$\overline{x} = \frac{n_1\overline{x}_1 + n_2\overline{x}_2}{n_1 + n_2}$$

(La moyenne générale est la moyenne pondérée des moyennes partielles).

- Dans le cas d'une série statistique donnée par intervalles (appelés classes de la série), chaque valeur x_i est remplacée par le centre de l'intervalle (si l'intervalle est $[a\ ;\ b]$, le centre de l'intervalle est $\frac{a+b}{2}$).

1.2. Médiane

La médiane d'une série statistique partage cette série en deux parties de même effectif.
Dans le cas d'une série statistique à valeurs discrètes, la médiane se détermine de la façon suivante :

- On range les valeurs de la série par ordre croissant.
- Si la série comporte un nombre impair de valeurs, la médiane est la valeur centrale de la série ordonnée ; si la série comporte un nombre pair de valeurs, la médiane est la moyenne des deux valeurs centrales.

1.3. Quartiles

Le premier quartile d'une série statistique est le nombre Q_1 tel que 25% de l'effectif ait un caractère inférieur à Q_1.
Le troisième quartile d'une série statistique est le nombre Q_3 tel que 25% de l'effectif ait un caractère supérieur à Q_3.
Le premier quartile, la médiane et le troisième quartile permettent donc de partager l'effectif total en quatre parties de même effectif.
L'intervalle interquartile est l'intervalle $[Q_1\ ;\ Q_3]$ et l'écart interquartile est l'amplitude de cet intervalle ($Q_3 - Q_1$).

1.4. Mode. Classe modale

Le(s) mode(s) d'une série statistique est (sont) la (les) valeur(s) ayant le plus grand effectif.
Quand les valeurs sont regroupées en classes, on parle de classe modale.

1.5. Etendue

L'étendue d'une série statistique est la différence entre la plus grande et la plus petite valeur de cette série.

✍ Exercice d'application 1

Les notes d'une classe à un contrôle sont les suivantes :

Note	$[0 ; 5[$	$[5 ; 10[$	$[10 ; 15[$	$[15 ; 20[$
Effectif	3	7	4	2

(par exemple, 3 élèves ont eu entre 0 et 5 (5 non compris), 7 élèves ont eu entre 5 et 10 (10 non compris), etc.)

1. Calculer la moyenne $\overline{x_1}$ des élèves ayant eu moins de 10 et la moyenne $\overline{x_2}$ des élèves ayant eu plus de 10.

2. Calculer la moyenne de la classe de deux façons différentes.

3. Les notes de la classe sont en fait les suivantes :

Note	3	4	6	8	9	10	12	13	16	17
Effectif	1	2	2	3	2	1	1	2	1	1

Calculer, à partir de ces données, la moyenne de la classe. Déterminer la médiane, le premier quartile, le troisième quartile, l'écart interquartile, l'étendue et le mode de cette série.

4. Le professeur a en fait oublié une note. La nouvelle moyenne, en tenant compte de cette note, est de 9. Déterminer cette note oubliée.

5. Afin de remonter les moyennes des élèves, le professeur décide d'ajouter un point à tous les élèves, et de multiplier la note ainsi obtenue par 1,1. Déterminer la moyenne de la classe ainsi obtenue.

6. Comparer la médiane des 16 élèves de la question 3 et la médiane des 17 élèves de la question 4.

Corrigé

1. On prend, pour les 3 élèves ayant eu entre 0 et 5, le centre de l'intervalle $[0 ; 5[$, soit 2,5. De même pour les 7 élèves ayant eu entre 5 et 10, on prend 7,5.

La moyenne des 10 élèves ayant eu moins de 10 est alors donnée par :

$\overline{x_1} = \dfrac{3 \times 2,5 + 7 \times 7,5}{3+7}$ et on trouve :

$$\boxed{\overline{x_1} = 6}$$

De même, pour les élèves ayant eu plus de 10 :

$$\overline{x}_2 = \frac{4\times 12{,}5+2\times 17{,}5}{4+2}$$ et on trouve :

$$\boxed{\overline{x}_2 \simeq 14{,}17}$$

(arrondi au centième près)

2. On peut calculer la moyenne de la classe de façon directe :

$$\overline{x} = \frac{3\times 2{,}5+7\times 7{,}5+4\times 12{,}5+2\times 17{,}5}{3+7+4+2}$$ ce qui donne :

$$\boxed{\overline{x} = 9{,}0625}$$

On peut aussi profiter des moyennes partielles calculées à la question 1 : la moyenne générale $\overline{x}$ est la moyenne pondérée des moyennes partielles $\overline{x}_2$ et $\overline{x}_2$:

$$\overline{x} = \frac{10\overline{x}_1 + 6\overline{x}_2}{10+6}$$, soit $$\overline{x} \simeq \frac{10\times 6+6\times 14{,}17}{16}$$ ce qui donne :

$$\boxed{\overline{x} \simeq 9{,}06}$$

La différence (faible) entre les deux valeurs ainsi trouvées provient de l'arrondi effectué dans le calcul de $\overline{x}_2$.

3. $$\overline{x} = \frac{1\times 3+2\times 4+2\times 6+3\times 8+...+1\times 17}{1+2+2+3+...+1}$$ et on trouve :

$$\boxed{\overline{x} = 9{,}125}$$

Le calcul d'une moyenne dans le cas d'une répartition par classes est nécessairement plus imprécis que dans le cas d'une série statistique discrète (comme c'est la cas ici).

La classe se composant de 16 élèves, la médiane est la note séparant la classe en deux groupes de huit élèves. Le tableau indique que 8 élèves ont eu une note inférieure ou égale à 8, et 8 élèves ont eu une note supérieure ou égale à 9. N'importe quelle note entre 8 et 9 partage donc la classe en deux groupes de huit élèves ; par convention, la médiane *m* entre ces deux valeurs :

$$\boxed{m = 8{,}5}$$

La moitié de la classe a moins de 8,5 et la moitié de la classe a plus de 8,5.

Pour le premier quartile, on cherche une note telle que 25 % de la classe (donc 4 élèves) aient eu moins. On voit que 3 élèves ont eu 4 ou moins, et que 5 élèves ont eu 6 ou moins. Parmi les 2 élèves ayant eu 6, il faut donc considérer l'un d'eux et le regrouper avec les 3 élèves ayant eu moins de 4 pour former un groupe de 4. On peut alors considérer que 4 élèves ont eu moins de 6 et donc que :

$$\boxed{Q_1 = 6}$$

De la même façon, on voit que 4 élèves (25 % de la classe) ont eu une note supérieure ou égale à 13 (ou à 12,5, pourquoi pas), donc :

$$\boxed{Q_3 = 13}$$

L'écart interquartile est donc :

$$\boxed{Q_3 - Q_1 = 7}$$

Les notes vont de 3 à 17, donc l'étendue *e* vaut :

$$\boxed{e = 17 - 3 = 14}$$

Enfin, le mode M de cette série est la note la plus fréquente ; donc :

$$\boxed{M = 8}$$

4. Appelons x la note oubliée. On peut diviser la classe en deux groupes : l'un constitué des 16 élèves dont on connaît la note (moyenne de ce groupe : $\overline{x} = 9{,}125$), et l'autre constitué de l'élève dont la note a été oubliée (moyenne de ce groupe à un seul élève : la note elle-même, à savoir x).
La formule reliant la moyenne générale m aux moyennes partielles s'écrit, dans cette situation :

$m = \dfrac{16 \times \overline{x} + 1 \times x}{16+1}$. On sait que $\overline{x} = 9{,}125$ et que $m = 9$. En remplaçant :

$9 = \dfrac{16 \times 9{,}125 + x}{17}$, soit $9 = \dfrac{146 + x}{17}$. Il n'y a plus qu'à résoudre cette équation :

$9 = \dfrac{146 + x}{17} \Leftrightarrow 9 \times 17 = 146 + x \Leftrightarrow 153 = 146 + x \Leftrightarrow x = 7$. Par suite :

$$\boxed{\text{la note oubliée est 7}}$$

5. Soit m' la nouvelle moyenne. Les propriétés de la moyenne (linéarité) permettent d'écrire directement : $m' = (m+1) \times 1{,}1$, ce qui donne :

$$\boxed{m' = 11}$$

6. Dans le cas des 17 élèves, il s'agit de déterminer la note du neuvième élève (de façon à séparer, la aussi, le groupe en deux sous-groupes de 8 élèves chacun). En tenant compte de la note oubliée (7), la tableau de la question 3 peut se réécrire de la façon suivante :

Note	3	4	6	7	8	8	8	9	10	12	13	16	17
Effectif	1	2	2	1	1	1	1	2	1	1	2	1	1

8 élèves (notes 3 à 8) — 8 élèves (notes 9 à 17)

$$\boxed{\text{la médiane est donc 8}}$$

L'ajout d'une nouvelle donnée à la série modifie donc la valeur de sa médiane.

2. GRAPHIQUES

2.1. Histogramme

Une série statistique dont les données sont regroupées par classe peut être représentée par un histogramme. Les rectangles doivent être construits de façon à ce que l'aire de chacun d'entre eux soit proportionnelle à l'effectif de la classe correspondante. Dans ce cas, la hauteur de chaque rectangle est proportionnelle à la densité d'effectif, où : $\text{densité d'une classe} = \dfrac{\text{effectif de la classe}}{\text{longueur de la classe}}$.

2.2. Courbe des effectifs cumulés croissants

On définit la fonction f en appelant $f(x)$ l'effectif ayant un caractère inférieur ou égal à x (où x est un réel quelconque). La courbe de la fonction f ainsi définie est appelée courbe des effectifs cumulés croissants.
On définit de la même façon la courbe des effectifs cumulés décroissants et la courbe des fréquences cumulées croissantes.
La courbe des effectifs cumulés croissants ou la courbe des fréquences cumulées croissantes permet de déterminer graphiquement une valeur approchée de la médiane, du premier quartile et du troisième quartile de la série statistique étudiée. Elle est donc particulièrement utile dans le cas d'une répartition par classes.

✍ Exercice d'application 2

Les distances, en km, entre le lycée et le domicile des élèves d'une classe sont données dans le tableau suivant :

Distance	]0 ; 1]	]1 ; 2]	]2 ; 5]	]5 ; 10]
Effectif	12	10	9	2

Construire l'histogramme de cette série puis la courbe des effectifs cumulés croissants. En déduire une valeur approchée de la médiane et des premier et troisième quartiles.

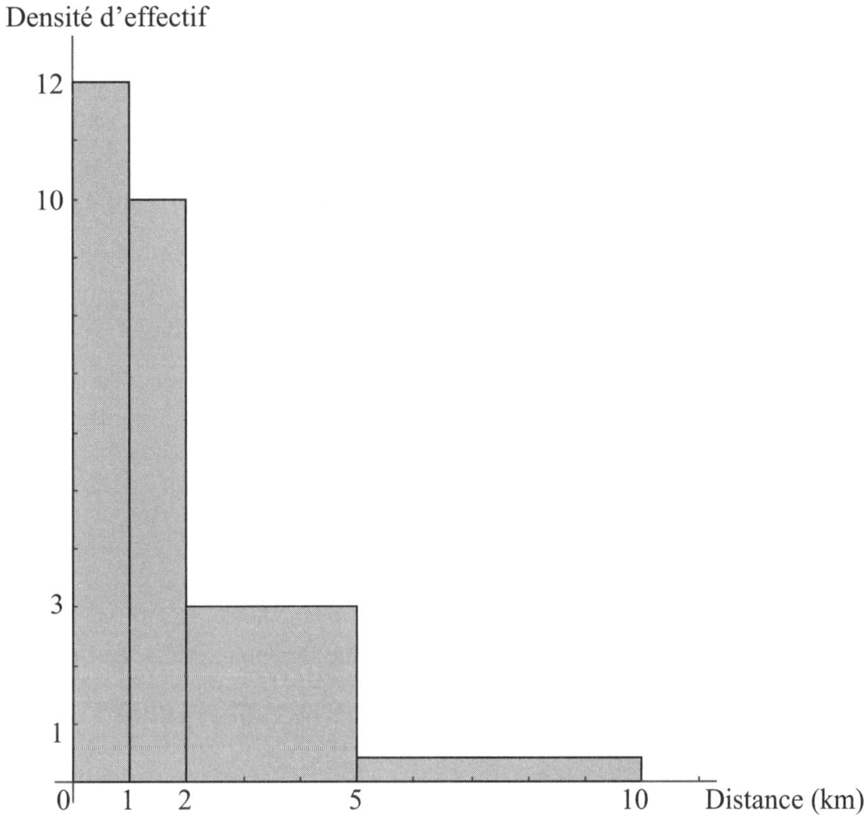

La hauteur de chaque rectangle est déterminée par la densité d'effectif de la classe correspondante. Par exemple, la densité de la classe $]0\ ;\ 1]$ vaut $\dfrac{12}{1-0}=12$, celle de la classe $]2\ ;\ 5]$ vaut $\dfrac{9}{5-2}=3$, etc.

L'intérêt de représenter les rectangles de cette façon est d'avoir une impression visuelle plus proche de la réalité : l'œil est naturellement plus sensible aux aires des rectangles qu'à leurs hauteurs. Par exemple, sur l'histogramme ci-dessus, on voit que les rectangles correspondant aux classes $]1\ ;\ 2]$ et $]2\ ;\ 5]$ ont à peu près même aire, et donc correspondent à des effectifs proches l'un de l'autre (10 et 9 en l'occurrence).

Avant de tracer la courbe des effectifs cumulés croissants, commençons par déterminer quelques valeurs particulières de la fonction des effectifs cumulés croissants, f :

Par définition, $f(0)$ est le nombre d'élèves habitant à moins de 0 km du lycée. Le tableau indique qu'il n'en existe aucun (l'intervalle $]0\ ;\ 1]$ est ouvert en 0), et donc :

$$\boxed{f(0)=0}$$

De même, $f(0,5)$ est le nombre d'élèves habitant à moins de 0,5 km du lycée. Or les informations fournies par le tableau ne sont pas suffisantes pour déterminer ce nombre. Tout ce qu'on peut dire, c'est que $f(0,5)$ est compris entre 0 et 12.

En revanche, on connaît $f(1)$: c'est le nombre d'élèves habitant à moins de 1 km du lycée :

$$\boxed{f(1)=12}$$

De même, on ne peut pas connaître $f(1,5)$, mais on peut connaître $f(2)$: c'est le nombre d'élèves habitant à moins de 2 km de lycée : il y en a $12+10=22$:

$$\boxed{f(2)=22}$$

Les seules valeurs exactes que nous pouvons encore déterminer sont $f(5)$ et $f(10)$:

$$\boxed{f(5)=31 \text{ et} f(10)=33}$$

On résume parfois ces données en rajoutant une ligne au tableau de l'énoncé :

Distance	$]0\ ;\ 1]$	$]1\ ;\ 2]$	$]2\ ;\ 5]$	$]5\ ;\ 10]$
Effectif	12	10	9	2
Effectifs cumulés croissants	12	22	31	33

Pour tracer la courbe des effectifs cumulés croissants, on commence par placer les points ainsi obtenus, à savoir les points de coordonnées $(0\ ;\ 0)$, $(1\ ;\ 12)$, $(2\ ;\ 22)$, $(5\ ;\ 31)$ et $(10\ ;\ 33)$, puis on les relie par des segments (ce qui est arbitraire) :

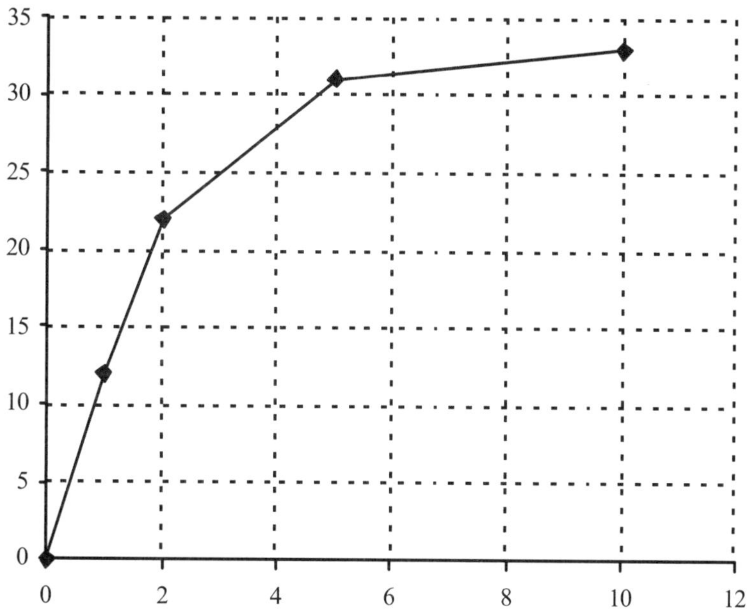

La médiane de cette série est la distance à laquelle habite l'élève "médian", c'est-à-dire l'élève occupant la 17ème place parmi les 33 élèves de la classe. Graphiquement, il s'agit de lire l'abscisse du point de la courbe dont l'ordonnée est 17. On trouve que la médiane m de cette série vaut approximativement :

$$\boxed{m \simeq 1{,}8}$$

En d'autres termes, 50 % des élèves habitent à moins de 1,8 km du lycée, et 50 % habitent à plus de 1,8 km.
Notons que le tableau fourni par l'énoncé n'aurait pas permis d'être aussi précis : 12 élèves (moins de la moitié) habitent à moins de 1 km, et 22 élèves (plus de la moitié) habitent à moins de 2 km : la médiane est donc située entre 1 et 2. Pour la déterminer plus précisément sans l'aide de la courbe des effectifs cumulés croissants, il aurait fallu connaître la répartition des 10 élèves habitant entre 1 et 2 km du lycée.
De la même façon, le premier quartile Q_1 est l'antécédent de 8,25 (car 25 % de 33 font 8,25), et on lit :

$$\boxed{Q_1 \simeq 0{,}7}$$

Et le troisième quartile Q_3 est l'antécédent de 24,75 (car 75 % de 33 font 24,75) :

$$\boxed{Q_3 \simeq 2{,}9}$$

3. PHENOMENES ALEATOIRES

3.1. Expérience aléatoire

Une expérience aléatoire est une expérience dont on peut décrire les résultats possibles, sans pour autant être capable de déterminer à l'avance celui qui se produira.
Chaque résultat possible est appelé issue de l'expérience aléatoire.
Simuler une expérience aléatoire, c'est choisir un modèle permettant de décrire cette expérience.

3.2. Echantillon

Soit une expérience aléatoire, répétée identiquement à elle-même un certain nombre de fois. La série statistique formée par les résultats ainsi obtenus est appelée échantillon statistique de l'expérience aléatoire. Si celle-ci est répétée n fois, l'échantillon obtenu est dit de taille n.
L'ensemble des fréquences des issues calculées à partir de l'échantillon est appelé distribution des fréquences de l'échantillon.

3.3. Fluctuation d'échantillonnage

Quand on produit un certain nombre d'échantillons indépendants les uns des autres et de même taille d'une même expérience aléatoire, on constate que les fréquences d'apparition des diverses issues ne sont pas identiques d'un échantillon à l'autre : on parle de fluctuation d'échantillonnage. Celle-ci traduit l'intervention du hasard dans l'expérience aléatoire.
On s'aperçoit que plus la taille des échantillons est grande, plus la fluctuation est faible. Plus précisément, si on appelle n la taille de l'échantillon et p la fréquence théorique du caractère étudié, on a 95 % de chances pour que la fréquence observée soit dans l'intervalle $\left[p-\frac{1}{\sqrt{n}}\ ;p+\frac{1}{\sqrt{n}}\right]$. Cet intervalle est appelé intervalle de fluctuation au seuil de 95 %. En d'autres termes, plus on répète une expérience aléatoire, plus les résultats mesurés seront conformes aux prédictions.

✍ Exercice d'application 3

Cet exercice nécessite l'utilisation d'un tableur ou, à défaut, d'une calculatrice.
On s'intéresse à l'expérience aléatoire consistant à lancer une pièce de monnaie équilibrée et à noter le nombre de "pile" obtenus et le nombre de "face" obtenus.

1. Simuler, à l'aide d'un tableur, 300 lancers d'une pièce, "pile" étant codé 1 et "face" étant codé 2.
2. Compter le nombre de "pile" et la fréquence de "pile" pour n lancers, n variant de 1 à 300.
3. Représenter graphiquement les fréquences de "pile" en fonction du nombre de lancers. Interpréter.
4. Etudier les intervalles de confiance à 95 % en considérant les 15 premiers lancers, puis les 300 lancers.

Corrigé

1. et 2. L'extrait de tableau ci-après a été obtenu de la façon suivante : dans la colonne A, on a noté le numéro du lancer ; dans la colonne B, le résultat du lancer (1 pour "pile" et 2 pour "face"). Ce numéro a été obtenu en tapant, dans la cellule B2, la formule : =1+ENT(2*ALEA()). Dans la colonne C, le nombre de "pile" obtenus en tapant, dans la cellule C2, la formule : =NB.SI (B$2:B2;1). Enfin, dans la colonne D, la fréquence de "pile", en tapant dans la cellule D2 la formule =C2/A2.
Bien sûr, en recommençant deux fois les mêmes manipulations, on ne retrouvera pas exactement les mêmes résultats que dans le tableau ci dessous.

	A	B	C	D
1	numéro	lancer	nombre de pile	fréquence de pile
2	1	2	0	0,000
3	2	1	1	0,500
4	3	1	2	0,667
5	4	1	3	0,750
6	5	2	3	0,600
7	6	2	3	0,500
8	7	2	3	0,429
9	8	2	3	0,375
10	9	2	3	0,333
11	10	2	3	0,300
12	11	1	4	0,364
13	12	2	4	0,333
14	13	2	4	0,308
15	14	1	5	0,357

Par exemple, les trois premières lignes du tableau signifient qu'on a obtenu successivement face au premier lancer, pile au deuxième et pile au troisième. La fréquence d'apparition de pile est bien d'environ 0,667 ($\frac{2}{3}$ exactement).

3. Le graphique suivant a été obtenu à l'aide de l'assistant graphique du tableur (colonne C en fonction de colonne A) :

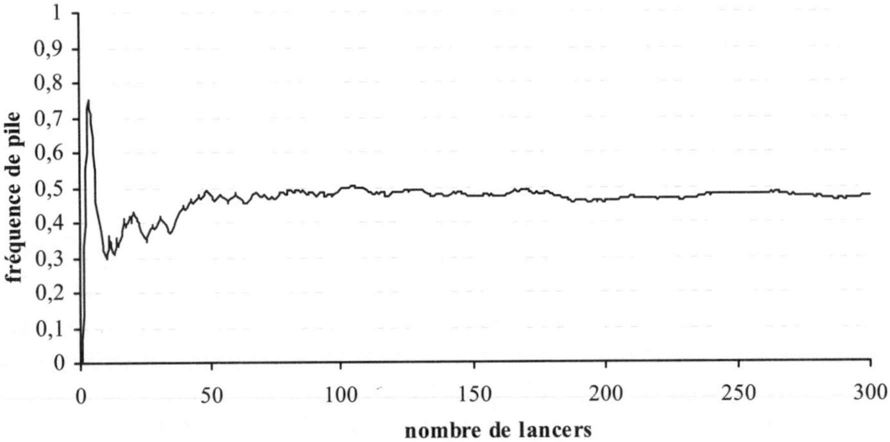

On constate que la fluctuation d'échantillonnage de cette expérience aléatoire diminue avec le nombre de lancers : la fréquence d'apparition de pile tend à se stabiliser autour de la valeur 0,5, ce qui n'est pas très surprenant : en lançant une pièce de monnaie équilibrée, on a une chance sur deux d'obtenir pile ; la diminution de la fluctuation d'échantillonnage signifie que plus le nombre de lancers est grand, plus la fréquence "réelle" d'apparition de pile est proche de la fréquence "théorique" 0,5.

4. Considérons les 15 premiers lancers. "pile" est apparu avec la fréquence de 0,357. Avec un échantillon de taille 15, l'intervalle de fluctuation à 95 % est $\left[0,5-\frac{1}{\sqrt{15}}\ ;\ 0,5+\frac{1}{\sqrt{15}}\right]$, soit $[0,2418\ ;\ 0,7582]$ (environ), et la théorie dit qu'on a 95% de chance que la fréquence observée (0,357) soit dans cet intervalle (ce qui est bien le cas).

En considérant les 300 lancers, la fréquence d'apparition de "pile" observée ici est de 0,447. Dans ce cas, l'intervalle de fluctuation à 95 % est $\left[0,5-\frac{1}{\sqrt{300}}\ ;\ 0,5+\frac{1}{\sqrt{300}}\right]$, soit $[0,4422\ ;\ 0,5577]$; ici aussi, la théorie est confirmée.

7
Probabilités

1. VOCABULAIRE

1.1. Expérience aléatoire

- Une expérience aléatoire est une expérience dont on ne peut connaître l'issue avec certitude.
- L'ensemble de toutes les issues possibles d'une expérience aléatoire est appelé univers de l'expérience.
- Un événement élémentaire est l'une des issues possibles de l'expérience. C'est un élément de l'univers.
- Un événement est un ensemble d'événements élémentaires. C'est une partie de l'univers.
- Le nombre d'événements élémentaires d'un événement A est appelé cardinal de cet événement, et est noté Card A.

Exemple :
On lance un dé à six faces numérotées de 1 à 6. L'univers de cette expérience est $\{1\ ;\ 2\ ;\ 3\ ;\ 4\ ;\ 5\ ;\ 6\}$. « Obtenir le 5 » est un événement élémentaire. « Obtenir un numéro pair » est un événement. Le cardinal de cet événement vaut 3.

1.2. Opérations sur les événements

Soit A et B deux événements d'un même univers.

- L'événement $A \cap B$ (lire « A inter B ») est l'intersection des événements A et B ; c'est l'ensemble des événements élémentaires qui sont à la fois dans A et dans B.
- L'événement $A \cup B$ (lire « A union B ») est la réunion des événements A et B ; c'est l'ensemble des événements élémentaires qui sont soit dans A soit dans B.

Exemple :
On lance toujours un dé à six faces numérotées de 1 à 6 et on considère les événements suivants : $A =$ « Obtenir un numéro pair » et $B =$ « Obtenir un numéro inférieur ou égal à 4 ». On a $\text{Card}\,A = 3$, $\text{Card B} = 4$. $A \cap B$ est

l'événement « obtenir un numéro pair et inférieur ou égal à 4 », donc $A \cap B = \{2 ; 4\}$. $A \cup B$ est l'événement « obtenir un numéro pair ou inférieur ou égal à 4 », donc $A \cup B = \{1 ; 2 ; 3 ; 4 ; 6\}$.

2. PROBABILITES

2.1. Définition

A tout événement de l'univers Ω d'une expérience aléatoire, on associe un nombre, appelé probabilité de cet événement, noté $p(A)$, tel que :

- $p(\Omega) = 1$.
- $p(A)$ est égal à la somme des probabilités des événements élémentaires qui le composent.

2.2. Premières propriétés

Pour tout événement A :

- $p(A) \geq 0$ et $p(A) \leq 1$.
- Si A est un événement impossible, $p(A) = 0$.
- La somme des probabilités de tous les événements élémentaires vaut 1.

2.3. Equiprobabilité

On dit qu'une expérience aléatoire d'univers Ω est équiprobable (on qu'on est en situation d'équiprobabilité) lorsque tous les événements élémentaires ont la même probabilité. Dans ce cas (et uniquement dans ce cas) :

- Pour tout événement élémentaire ω, $p(\omega) = \dfrac{1}{\text{card } \Omega}$.
- Pour tout événement A, $p(A) = \dfrac{\text{card } A}{\text{card } \Omega}$ $\left(= \dfrac{\text{nombre de cas favorables}}{\text{nombre de cas total}}\right)$.
- Pour tous événements A et B, $p(A \cup B) = p(A) + p(B) - p(A \cap B)$.

Exemple :

Considérons toujours un dé à six faces numérotées de 1 à 6. Si ce dé n'est pas truqué, on est en situation d'équiprobabilité, et chaque face a une probabilité égale à $\dfrac{1}{\text{card}\,\Omega}=\dfrac{1}{6}$ d'apparaître (ce qui n'est pas très étonnant). Avec $A=$ « Obtenir un numéro pair », on a $\text{Card}\,A=3$ et donc $p(A)=\dfrac{\text{card}\,A}{\text{card}\,\Omega}=\dfrac{3}{6}=\dfrac{1}{2}$: on a une chance sur deux d'obtenir un numéro pair (ce qui n'est pas très étonnant non plus). Avec $B=$ « Obtenir un numéro inférieur ou égal à 4 », on a $p(B)=\dfrac{\text{card}\,B}{\text{card}\,\Omega}=\dfrac{4}{6}=\dfrac{2}{3}$. De plus, $A\cap B=\{2\ ;\ 4\}$ donc $p(A\cap B)=\dfrac{2}{6}=\dfrac{1}{3}$ et $A\cup B=\{1\ ;\ 2\ ;\ 3\ ;\ 4\ ;\ 6\}$ donc $p(A\cup B)=\dfrac{5}{6}$. On peut constater que $p(A\cup B)=p(A)+p(B)-p(A\cap B)$ ($\dfrac{5}{6}=\dfrac{3}{6}+\dfrac{4}{6}-\dfrac{2}{6}$).

✍ Exercice d'application 1

On considère une classe dont les élèves se répartissent de la façon suivante :

	Garçons	Filles	Total
Moins de 15 ans	8	10	18
Plus de 15 ans	12	4	16
Total	20	14	34

On interroge un élève au hasard et on considère les événements suivants :
G : "l'élève interrogé est un garçon" ;
F : "l'élève interrogé est une fille" ;
M : "l'élève interrogé a moins de 15 ans" ;
P : "l'élève interrogé a plus de 15 ans".

1. Déterminer les probabilités des quatre événements ci-dessus.
2. Définir par une phrase les événements $G\cap M$ et $G\cup M$ et calculer leurs probabilités.

Corrigé

1. On interroge un élève au hasard, donc on est en situation d'équiprobabilité. L'univers de cette expérience est l'ensemble des 34 élèves de la classe ; il y a 20 garçons en tout, donc :

$$\boxed{p(G)=\frac{20}{34}=\frac{10}{17}}$$

De la même façon, il vient :

$$\boxed{p(F)=\frac{14}{34}=\frac{7}{17}\ ;p(M)=\frac{18}{34}=\frac{9}{17}\text{ et }p(P)=\frac{16}{34}=\frac{8}{17}}$$

2. $G\cap M$ est l'événement « interroger un garçon et un élève qui a moins de 15 ans » ; en clair, « interroger un garçon de moins de 15 ans ». Il y a 8 garçons de moins de 15 ans, donc :

$$\boxed{p(G\cap M)=\frac{8}{34}=\frac{4}{17}}$$

$G\cup M$ est l'événement « interroger un garçon ou un élève qui a moins de 15 ans ». Pour déterminer $p(G\cup M)$, on a deux possibilités : soit on compte le nombre d'élèves qui sont soit des garçons, soit qui ont moins de 15 ans, soit on applique la formule du cours.

1ère possibilité : on compte. On a 8 garçons qui ont moins de 15 ans, 12 garçons qui ont plus de 15 ans, et 10 filles qui ont moins de 15 ans. En tout, 30 élèves sont concernés. Donc :

$$\boxed{p(G\cup M)=\frac{30}{34}=\frac{15}{17}}$$

2ème possibilité : on applique la formule.

On a $p(G\cup M)=p(G)+p(M)-p(G\cap M)$; on remplace :

$$p(G\cup M)=\frac{20}{34}+\frac{18}{34}-\frac{8}{34}=\frac{30}{34}=\frac{15}{17}.$$

✍ Exercice d'application 2

On lance deux fois de suite un dé équilibré dont les six faces sont numérotées de 1 à 6 et on s'intéresse à la somme des points obtenus.

1. Quel est le plus probable : obtenir une somme égale à 6 ou une somme égale à 7 ?
2. On lance le dé une troisième fois. Quel est le plus probable : obtenir 4 avec 2 lancers ou obtenir 8 avec 3 lancers ?

Corrigé

1. On peut éventuellement dresser un tableau pour obtenir toutes les possibilités (autrement dit, obtenir l'univers de cette expérience) concernant la somme obtenue :

Dé1 \ Dé2	1	2	3	4	5	6
1	2	3	4	5	6	7
2	3	4	5	6	7	8
3	4	5	6	7	8	9
4	5	6	7	8	9	10
5	6	7	8	9	10	11
6	7	8	9	10	11	12

Il y a donc 36 possibilités (ce qui était prévisible : 6 possibilités pour le premier lancer, 6 pour le deuxième lancer, donc $6 \times 6 = 36$ possibilités en tout).
Pour une somme égale à 6, il suffit de compter : il y a 5 possibilités. Donc la probabilité p_1 d'obtenir une somme égale à 6 vaut $p_1 = \frac{5}{36}$. De la même façon, la probabilité p_2 d'obtenir une somme égale à 7 vaut $p_2 = \frac{6}{36} = \frac{1}{6}$. Par suite :

$$\boxed{\text{une somme égale à 7 est plus probable qu' une somme égale à 6}}$$

2. Avec 2 lancers, la probabilité p_3 d'obtenir une somme égale à 4 vaut $p_3 = \frac{3}{36} = \frac{1}{12}$.

Avec 3 lancers, il n'est pas envisageable de faire la liste complète de toutes les possibilités : il y a en $6 \times 6 \times 6 = 216$. Il faut donc réfléchir et déterminer le nombre de façons qu'on a d'obtenir une somme égale à 8. Examinons les possibilités en discutant suivant le numéro obtenu au premier lancer :

- Si on a obtenu 1 au premier lancer :
  Il faut alors obtenir une somme égale à 7 avec les deux autres et on peut réutiliser le tableau ci-dessus pour voir qu'il y a 6 possibilités.
- Si on a obtenu 2 au premier lancer :
  Il faut alors obtenir une somme égale à 6 avec les deux autres et on voit qu'il y a 5 possibilités.

- Si on a obtenu 3 au premier lancer :
Il faut alors obtenir une somme égale à 5 avec les deux autres et on voit qu'il y a 4 possibilités.
- Si on a obtenu 4 au premier lancer :
Il faut alors obtenir une somme égale à 4 avec les deux autres et on voit qu'il y a 3 possibilités.
- Si on a obtenu 5 au premier lancer :
Il faut alors obtenir une somme égale à 3 avec les deux autres et on voit qu'il y a 2 possibilités.
- Si on a obtenu 6 au premier lancer :
Il faut alors obtenir une somme égale à 2 avec les deux autres et on voit qu'il y a 1 possibilité.

En tout, on a donc $6+5+4+3+2+1=21$ possibilités. La probabilité p_4 d'obtenir une somme égale à 8 avec trois lancers vaut donc : $p_4=\frac{21}{216}=\frac{7}{72}$.

Clairement, $\frac{7}{72}>\frac{1}{12}=\frac{6}{72}$, donc $p_4>p_3$ et donc :

$$\boxed{\text{il est plus probable d' obtenir 8 avec 3 lancers que 4 avec 2 lancers}}$$

(ce qui n'allait pas de soi).

✍ Exercice d'application 3

On s'intéresse aux notes obtenues en mathématiques et en philosophie par 500 élèves ayant passé le bac. Parmi ces 500 élèves, 400 ont été reçus (et 100 ne l'ont pas été). Ces notes sont résumées dans les tableaux suivants :

Elèves reçus :

Note	$[0\,;\,5[$	$[5\,;\,10[$	$[10\,;\,15[$	$[15\,;\,20]$
Mathématiques	20	80	180	120
Philosophie	40	140	120	100

Elèves collés :

Note	$[0\,;\,5[$	$[5\,;\,10[$	$[10\,;\,15[$	$[15\,;\,20]$
Mathématiques	35	40	25	0
Philosophic	50	30	20	0

(Par exemple, parmi les 100 élèves collés, 35 ont eu une note comprise entre 0 et 5 en mathématiques et 50 ont eu une note comprise entre 0 et 5 en philosophie).

1. On interroge au hasard un élève reçu. Déterminer les probabilités des événements « l'élève a obtenu la moyenne en mathématiques » ; « l'élève a obtenu la moyenne en philosophie ».

2. On interroge au hasard l'un des 500 élèves. Déterminer les probabilités des événements R : « l'élève interrogé est reçu » ; M : « l'élève interrogé a obtenu la moyenne en philosophie » ; $R\cap M$; $R\cup M$.

3. On interroge au hasard un élève ayant obtenu la moyenne en philosophie. Quelle est la probabilité qu'il soit reçu ?

Corrigé

1. Parmi les 400 élèves reçus, 300 ont obtenu la moyenne en mathématiques. Comme on interroge un élève au hasard, on est en situation d'équiprobabilité, donc cette probabilité p_1 vaut :

$$\boxed{p_1 = \frac{300}{400} = \frac{3}{4}}$$

De même, 220 élèves, parmi les élèves reçus, ont eu la moyenne en philosophie, donc cette probabilité p_2 vaut :

$$\boxed{p_2 = \frac{220}{400} = \frac{11}{20}}$$

2. Parmi les 500 élèves, 400 ont été reçus, donc :

$$\boxed{p(R) = \frac{400}{500} = \frac{4}{5}}$$

Il y a en tout 240 élèves ayant obtenu la moyenne en philosophie, donc :

$$\boxed{p(M) = \frac{240}{500} = \frac{12}{25}}$$

$R \cap M$ est l'événement : « l'élève interrogé a été reçu et a obtenu la moyenne en philosophie ». Il y a 220 élèves reçus ayant obtenu la moyenne en philosophie, donc :

$$\boxed{p(R \cap M) = \frac{220}{500} = \frac{11}{25}}$$

Cette probabilité ne doit pas être confondue avec la probabilité p_2 de la question 1 : les populations de référence (autrement dit, les univers des expériences aléatoires) ne sont pas les mêmes.

$R \cup M$ est l'événement : « l'élève interrogé a été reçu ou a obtenu la moyenne en philosophie ». On dispose de la formule :

$p(R \cup M) = p(R) + p(M) - p(R \cap M)$, donc $p(R \cup M) = \frac{400}{500} + \frac{240}{500} - \frac{220}{500}$:

$$\boxed{p(R \cup M) = \frac{21}{25}}$$

3. Il y a en tout 240 élèves ayant obtenu la moyenne en philosophie. Parmi ces 240 élèves, 220 ont été reçus, donc cette probabilité p_3 vaut :

$$\boxed{p_3 = \frac{220}{240} = \frac{11}{12}}$$

La aussi, cette probabilité ne doit pas être confondue avec $p(R \cap M)$.

8

Trigonométrie

1. SINUS ET COSINUS D'UN REEL

1.1. Le radian

Soit un angle dont la mesure, en degrés, est notée x. Ce même angle a une mesure, en radians, notée y, donnée par :

$$y = \frac{\pi}{180} \times x$$

Les mesures d'un angle en degrés et en radians sont proportionnelles, et le coefficient de proportionnalité vaut $\frac{\pi}{180}$. Les correspondances degré – radian de quelques valeurs remarquables figurent dans le tableau ci-dessous :

Degrés	0	30	45	60	90	180	360
radians	0	$\frac{\pi}{6}$	$\frac{\pi}{4}$	$\frac{\pi}{3}$	$\frac{\pi}{2}$	π	2π

La longueur l d'un arc de cercle de rayon R définissant un angle de mesure x, exprimée en radians, est alors donnée par :

$$l = Rx$$

En particulier, pour un cercle de rayon 1 :

$$l = x$$

Il y a donc coïncidence entre la longueur d'un arc de rayon 1 et la mesure de l'angle qu'il définit (lorsque celle-ci est en radians).

1.2. Le cercle trigonométrique

Le plan est rapporté à un repère orthonormé $(O\,;I\,,J)$.

Soit (C) le cercle de centre O et de rayon 1. On se donne sur (C) un sens de parcours, appelé sens direct : le sens inverse des aiguilles d'une montre.

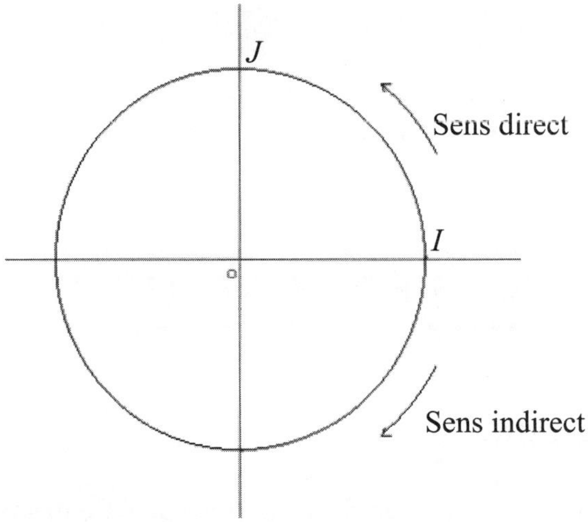

1.3. Représentation d'un réel sur le cercle trigonométrique

Soit x un réel. On "enroule" la droite des réels sur le cercle trigonométrique de la façon suivante :
Si x est positif, on place le point M sur le cercle trigonométrique tel que $IM = x$ en tournant dans le sens direct.
Si x est négatif, on place le point M sur le cercle trigonométrique tel que $IM = -x$ en tournant dans le sens indirect.
Le point M ainsi défini est dit associé à x, et x est une mesure, en radians, de l'angle $\widehat{IOM}$.

Les points représentant les réels 0, $\frac{\pi}{2}$, π et $\frac{3\pi}{2}$ sont les suivants :

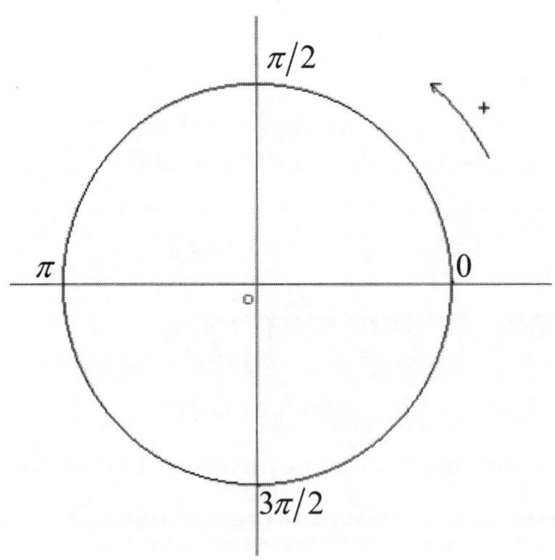

Remarque :
A tout réel correspond sur le cercle un unique point, mais un point sur le cercle représente une infinité de réels. Par exemple, le point représentant $\frac{3\pi}{2}$ (voir ci-dessus) représente aussi le réel $-\frac{\pi}{2}$ (en partant de I, on tourne dans le sens indirect d'un angle droit), ou bien aussi le réel $\frac{7\pi}{2}$ (en partant de I, on tourne dans le sens direct de sept fois un angle droit). Dans le cas général : deux réels x et y sont représentés sur le cercle trigonométrique par un même point si, et seulement si leur différence $x - y$ est un multiple (positif ou négatif) de 2π.
Quelques valeurs remarquables à savoir placer :

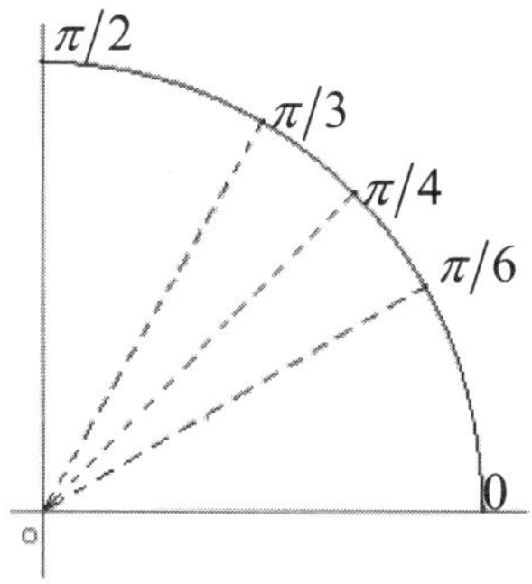

Pour placer les points représentant ces valeurs, on a considéré que $\frac{\pi}{6}$ était le tiers d'un angle droit ($\frac{\pi}{2}$), $\frac{\pi}{4}$ la moitié d'un angle droit, et $\frac{\pi}{3}$ le double de $\frac{\pi}{6}$. Voir le paragraphe suivant pour une autre possibilité.

✍ Exercice d'application 1

Pour chacun des nombres suivants, déterminer le nombre de l'intervalle $[0\ ;\ 2\pi[$ représenté par le même point sur le cercle trigonométrique, puis placer ce point : $\frac{5\pi}{2}$; $-\frac{3\pi}{2}$; $\frac{5\pi}{4}$; 11π.

Corrigé

Tout repose sur la remarque du § 1.3. Le nombre $\dfrac{5\pi}{2}$ est représenté sur le cercle trigonométrique par un point représentant aussi tous les nombres $\dfrac{5\pi}{2}+2\pi$, $\dfrac{5\pi}{2}+4\pi$, $\dfrac{5\pi}{2}-2\pi$, $\dfrac{5\pi}{2}-4\pi$, etc. Dans un premier temps, on cherche donc celui de ces nombres qui se trouve dans l'intervalle $[0\ ;\ 2\pi[$. Clairement, $\dfrac{5\pi}{2}\notin[0\ ;\ 2\pi[$, mais $\dfrac{5\pi}{2}-2\pi=\dfrac{\pi}{2}\in[0\ ;\ 2\pi[$.

$\dfrac{5\pi}{2}$ et $\dfrac{\pi}{2}$ sont représentés par le même point

De même, $-\dfrac{3\pi}{2}\notin[0\ ;\ 2\pi[$, mais $-\dfrac{3\pi}{2}+2\pi=\dfrac{\pi}{2}\in[0\ ;\ 2\pi[$.

$-\dfrac{3\pi}{2}$ et $\dfrac{\pi}{2}$ sont représentés par le même point

En revanche, $\dfrac{5\pi}{4}\in[0\ ;\ 2\pi[$, donc on ne peut espérer trouver un nombre "plus simple" représenté par le même point sur le cercle trigonométrique. En écrivant que $\dfrac{5\pi}{4}=\pi+\dfrac{\pi}{4}$, on peut placer le point représentant $\dfrac{5\pi}{4}$ en "partant" de *I*, en "avançant" d'un demi-cercle (π), puis d'un huitième de cercle ($\dfrac{\pi}{4}$).

Enfin, en remarquant que $11\pi=10\pi+\pi=5\times2\pi+\pi$, on peut affirmer que :

11π et π sont représentés par le même point

Finalement :

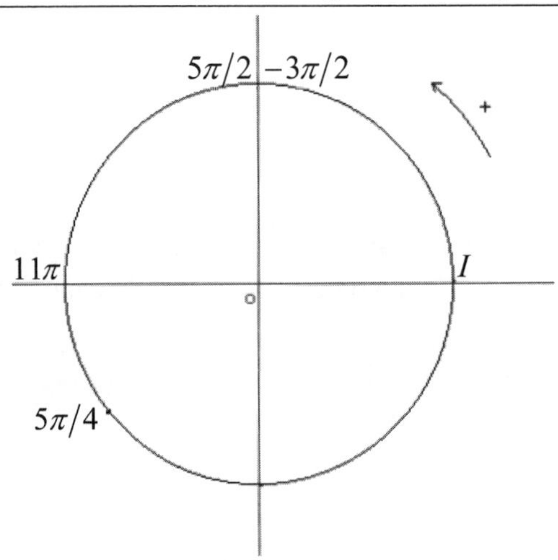

1.4. Sinus et cosinus d'un réel

Soit x un réel, et soit M le point représentant x sur le cercle trigonométrique.
L'abscisse de M est le cosinus de x, noté $\cos x$ ou $\cos(x)$, et l'ordonnée de M est le sinus de x, noté $\sin x$ ou $\sin(x)$:

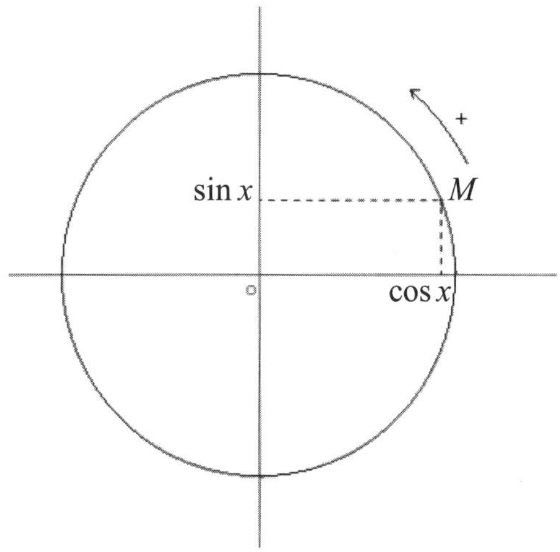

Remarque : cette nouvelle définition constitue une généralisation des définitions vues au collège. Dans le cas d'un nombre x dans l'intervalle $\left]0\,;\,\frac{\pi}{2}\right[$, on retrouve la trigonométrie du triangle rectangle :

$$\cos x = \frac{\text{côté adjacent}}{\text{hypoténuse}} \text{ et } \sin x = \frac{\text{côté opposé}}{\text{hypoténuse}}.$$

Pour x réel quelconque tel que $\cos x \neq 0$, on définit la tangente de x, noté $\tan x$ par :

$$\tan x = \frac{\sin x}{\cos x}$$

Là aussi, on retrouve, dans le cas d'un réel x dans l'intervalle $\left]0\,;\,\frac{\pi}{2}\right[$, la définition de la trigonométrie du triangle rectangle : $\tan x = \dfrac{\text{côté opposé}}{\text{côté adjacent}}$.

L'exercice ci-après constitue une révision de la trigonométrie dans le triangle rectangle.

✍ Exercice d'application 2

Soit $ABCD$ un carré de côté 1. On construit, à l'intérieur du carré, le triangle équilatéral ABE. Soit F le milieu de $[CD]$ et G le milieu de $[AB]$.

1. Faire une figure et donner les mesures, en radians, des angles $\widehat{BAE}$, $\widehat{EAD}$, $\widehat{ADE}$ puis $\widehat{EDF}$.
2. Calculer les longueurs EG, EF et DF.
3. Déduire des questions précédentes la valeur exacte de $\tan\dfrac{\pi}{12}$.

Corrigé

1.

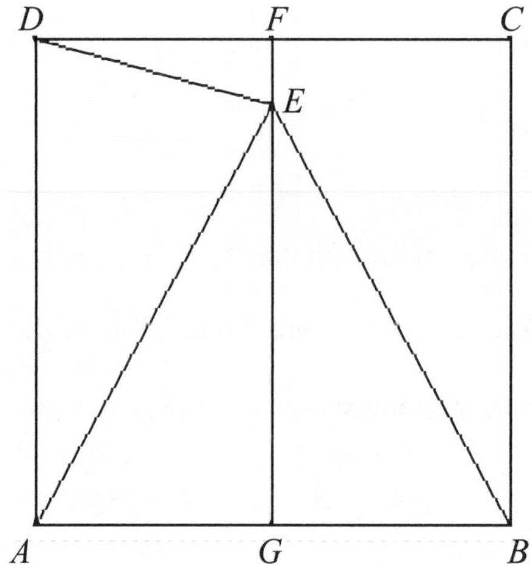

Le triangle BAE est équilatéral, donc chaque angle a une mesure égale à $\dfrac{\pi}{3}$:

$$\boxed{\widehat{BAE}=\frac{\pi}{3}}$$

L'angle $\widehat{BAD}$ est droit, donc $\widehat{BAE}+\widehat{EAD}=\dfrac{\pi}{2}$. Par suite :

$\widehat{EAD}=\dfrac{\pi}{2}-\widehat{BAE}=\dfrac{\pi}{2}-\dfrac{\pi}{3}$ et donc :

$$\boxed{\widehat{EAD}=\frac{\pi}{6}}$$

Pour alléger l'écriture, notons x une mesure, en radians, de l'angle $\widehat{ADE}$. Le triangle ADE est isocèle, donc les angles $\widehat{ADE}$ et $\widehat{AED}$ ont même mesure. D'autre part, la somme des angles du triangle ADE vaut π , donc :

$x + x + \frac{\pi}{6} = \pi$

$2x = \pi - \frac{\pi}{6}$

$2x = \frac{5\pi}{6}$ et donc :

$$\boxed{x = \widehat{ADE} = \frac{5\pi}{12}}$$

Enfin, l'angle $\widehat{ADF}$ est droit, donc $\widehat{ADE} + \widehat{EDF} = \frac{\pi}{2}$. On en déduit que $\widehat{EDF} = \frac{\pi}{2} - \frac{5\pi}{12}$ et donc que :

$$\boxed{\widehat{EDF} = \frac{\pi}{12}}$$

2. Pour calculer la longueur EG, on peut utiliser le théorème de Pythagore dans le triangle rectangle AGE :

$AE^2 = AG^2 + EG^2$.

Or $AE = 1$ (c'est un des côtés du triangle équilatéral) et $AG = \frac{1}{2}$ (car G est le milieu de $[AB]$). Donc :

$1^2 = \left(\frac{1}{2}\right)^2 + EG^2$

$1 - \frac{1}{4} = EG^2$

$EG^2 = \frac{3}{4}$ et donc :

$$\boxed{EG = \frac{\sqrt{3}}{2}}$$

G et F sont les milieux des côtés $[AB]$ et $[CD]$, donc, comme $ABCD$ est un carré, $GF = AD = 1$. Donc $EF = GF - GE$:

$$\boxed{EF = 1 - \frac{\sqrt{3}}{2}}$$

Enfin, F est le milieu de $[CD]$, donc :

$$\boxed{DF = \frac{1}{2}}$$

3. Dans le triangle rectangle *DEF*, on a :

$\tan\left(\widehat{EDF}\right)=\frac{EF}{DF}$. On a vu que $\widehat{EDF}=\frac{\pi}{12}$, que $EF=1-\frac{\sqrt{3}}{2}$ et que $DF=\frac{1}{2}$, donc :

$\tan\frac{\pi}{12}=\frac{1-\frac{\sqrt{3}}{2}}{\frac{1}{2}}$. On simplifie :

$\tan\frac{\pi}{12}=\left(1-\frac{\sqrt{3}}{2}\right)\times 2$ et donc :

$$\boxed{\tan\frac{\pi}{12}=2-\sqrt{3}}$$

1.5. Valeurs remarquables

x	0	$\frac{\pi}{6}$	$\frac{\pi}{4}$	$\frac{\pi}{3}$	$\frac{\pi}{2}$	π
$\cos x$	1	$\frac{\sqrt{3}}{2}$	$\frac{\sqrt{2}}{2}$	$\frac{1}{2}$	0	-1
$\sin x$	0	$\frac{1}{2}$	$\frac{\sqrt{2}}{2}$	$\frac{\sqrt{3}}{2}$	1	0

On peut profiter de ces valeurs simples pour placer les points représentant ces nombres sur le cercle trigonométrique. Par exemple, le point représentant $\frac{\pi}{6}$ est le point du cercle dont l'ordonnée vaut $\frac{1}{2}$ et dont l'abscisse est positive.

1.6. Propriétés

Soit x un réel et k un entier relatif.

- $\cos(x+k\times 2\pi)=\cos x$ et $\sin(x+k\times 2\pi)=\sin x$.

  Cette propriété signifie simplement que tous les réels x, $x+2\pi$, $x+4\pi$, $x-2\pi$, $x-4\pi$, etc. sont représentés par le même point sur le cercle trigonométrique.
- $-1\leq\cos x\leq 1$ et $-1\leq\sin x\leq 1$.

Les points du cercle trigonométrique ont tous des abscisses et des ordonnées comprises entre -1 et 1.

- $(\cos x)^2 + (\sin x)^2 = 1$.

Cette égalité exprime que, pour tout point M sur le cercle trigonométrique, $OM = 1$.

- $1 + (\tan x)^2 = \dfrac{1}{(\cos x)^2}$. (Lorsque $\cos x \neq 0$).

1.7. Signes de $\cos x$, $\sin x$

2ème quadrant : $\begin{cases} \cos x \leq 0 \\ \sin x \geq 0 \end{cases}$

1er quadrant : $\begin{cases} \cos x \geq 0 \\ \sin x \geq 0 \end{cases}$

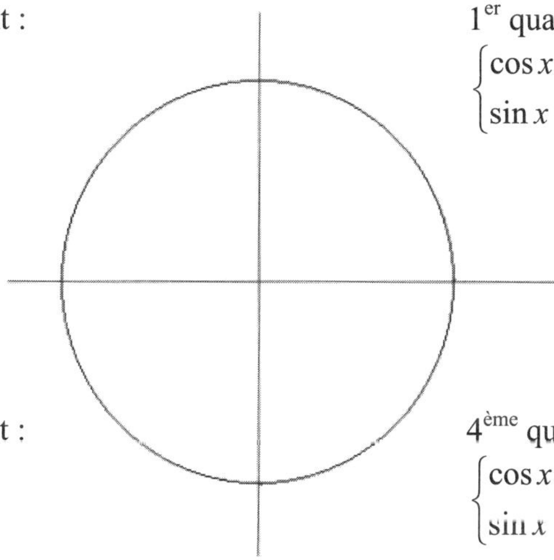

3ème quadrant : $\begin{cases} \cos x \leq 0 \\ \sin x \leq 0 \end{cases}$

4ème quadrant : $\begin{cases} \cos x \geq 0 \\ \sin x \leq 0 \end{cases}$

Par exemple, si $x \in \left[-\dfrac{\pi}{2} \ ; \ 0 \right]$, le point représentant x est situé dans le quatrième quadrant, donc $\cos x \geq 0$ et $\sin x \leq 0$.

✍ Exercice d'application 3

Soit x un réel de l'intervalle $\left[\pi \ ; \ \dfrac{3\pi}{2} \right]$ tel que $\tan x = 3$.

Déterminer les valeurs exactes de $\cos x$ et de $\sin x$.

Corrigé

On connaît une formule reliant $\tan x$ et $\cos x$: $1+(\tan x)^2=\dfrac{1}{(\cos x)^2}$. On remplace :

$1+3^2=\dfrac{1}{(\cos x)^2}$, soit $\dfrac{1}{(\cos x)^2}=10$. On en déduit que $(\cos x)^2=\dfrac{1}{10}$ et donc que $\cos x=\sqrt{\dfrac{1}{10}}$ ou $\cos x=-\sqrt{\dfrac{1}{10}}$.

Or $x\in\left[\pi\ ;\ \dfrac{3\pi}{2}\right]$, donc le point représentant x sur le cercle trigonométrique est situé dans le troisième quadrant. Par suite, $\cos x\leq 0$ et $\sin x\leq 0$; donc :

$$\boxed{\cos x=-\sqrt{\frac{1}{10}}}$$

D'autre part, on a aussi une formule reliant $\cos x$ et $\sin x$: $(\cos x)^2+(\sin x)^2=1$. On remplace :

$\left(-\sqrt{\dfrac{1}{10}}\right)^2+(\sin x)^2=1$, soit $\dfrac{1}{10}+(\sin x)^2=1$. On en déduit que $(\sin x)^2=\dfrac{9}{10}$, donc que $\sin x=\sqrt{\dfrac{9}{10}}$ ou $\sin x=-\sqrt{\dfrac{9}{10}}$. Or $\sin x\leq 0$ (voir ci-dessus), donc :

$$\boxed{\sin x=-\sqrt{\frac{9}{10}}}$$

En d'autres termes, le point représentant x sur le cercle trigonométrique a pour coordonnées $\left(-\sqrt{\dfrac{1}{10}}\ ;\ -\sqrt{\dfrac{9}{10}}\right)$.

✍ Exercice d'application 4

Soit x un réel quelconque.

1. Placer, sur le cercle trigonométrique, les points représentant $-x$, $x+\pi$ et $\pi-x$.
2. En déduire $\cos(-x)$, $\cos(x+\pi)$ et $\cos(\pi-x)$ en fonction de $\cos x$.
3. En déduire les valeurs de $\cos\left(-\dfrac{\pi}{3}\right)$, de $\cos\dfrac{4\pi}{3}$, de $\cos\dfrac{2\pi}{3}$ et de $\cos\dfrac{11\pi}{3}$.

Corrigé

1. On commence par placer le point M représentant x sur le cercle trigonométrique. Comme x est quelconque, le point représentant x peut se trouver n'importe où sur le cercle.
Le point représentant $-x$ est alors obtenu en tournant dans le sens indirect de la même longueur que pour x. Donc :

$$\boxed{\text{le point représentant } -x \text{ est le symétrique de } M \text{ par rapport à l'axe des abscisses}}$$

Le point représentant $x+\pi$ est obtenu en partant de M et en tournant d'un demi-tour supplémentaire, donc :

$$\boxed{\text{le point représentant } \pi+x \text{ est le symétrique de } M \text{ par rapport à } O}$$

Enfin, pour placer le point représentant $\pi-x$, on part du point I (représentant 0 sur le cercle trigonométrique), on tourne dans le sens direct d'un demi-tour, puis dans le sens indirect de x. Donc :

$$\boxed{\text{le point représentant } \pi-x \text{ est le symétrique de } M \text{ par rapport à l'axe des ordonnées}}$$

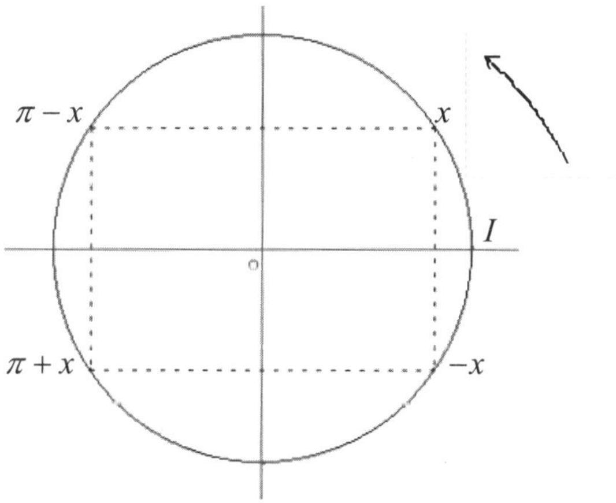

2. Les points représentant x et $-x$ sont symétriques par rapport à l'axe des abscisses, donc ils ont des abscisses égales (et des ordonnées opposées). Or, par définition, le point représentant x a pour abscisse $\cos x$, et le point représentant $-x$ a pour abscisse $\cos(-x)$. Donc :

$$\boxed{\cos(-x)=\cos x}$$

De la même façon, les points représentant x et $x+\pi$ ont des abscisses opposées :

$$\boxed{\cos(x+\pi)=-\cos x}$$

Enfin, les points représentant x et $\pi-x$ ont aussi des abscisses opposées :

$$\boxed{\cos(\pi-x)=-\cos x}$$

3. On sait que $\cos\frac{\pi}{3}=\frac{1}{2}$. Les formules ci-dessus vont permettre de relier les valeurs cherchées à cette valeur connue.

La première formule ci-dessus permet d'affirmer que $\cos\left(-\frac{\pi}{3}\right)=\cos\frac{\pi}{3}$, donc :

$$\boxed{\cos\left(-\frac{\pi}{3}\right)=\frac{1}{2}}$$

On remarque que $\frac{4\pi}{3}=\pi+\frac{\pi}{3}$, donc $\cos\left(\frac{4\pi}{3}\right)=\cos\left(\pi+\frac{\pi}{3}\right)$. La deuxième formule permet alors d'affirmer que $\cos\left(\pi+\frac{\pi}{3}\right)=-\cos\frac{\pi}{3}$, et donc :

$$\boxed{\cos\left(\frac{4\pi}{3}\right)=-\frac{1}{2}}$$

On remarque que $\frac{2\pi}{3}=\pi-\frac{\pi}{3}$, donc $\cos\left(\frac{2\pi}{3}\right)=\cos\left(\pi-\frac{\pi}{3}\right)$ et la troisième formule donne $\cos\left(\pi-\frac{\pi}{3}\right)=-\cos\frac{\pi}{3}$; par suite :

$$\boxed{\cos\left(\frac{2\pi}{3}\right)=-\frac{1}{2}}$$

Enfin, remarquons que $\frac{11\pi}{3}=\frac{12\pi}{3}-\frac{\pi}{3}=4\pi-\frac{\pi}{3}$. 4π est un multiple de 2π, donc $\frac{11\pi}{3}$ et $-\frac{\pi}{3}$ sont représentés par le même point sur le cercle trigonométrique. Donc $\cos\left(\frac{11\pi}{3}\right)=\cos\left(-\frac{\pi}{3}\right)$ et donc :

$$\boxed{\cos\left(\frac{11\pi}{3}\right)=\frac{1}{2}}$$

9
Géométrie dans l'espace

1. PROPRIETES FONDAMENTALES

1.1. Axiomes

- Par trois points non alignés A, B, C passe un unique plan, noté (ABC).
- Si un plan contient deux points A et B, alors il contient la droite (AB).
- Tous les résultats de la géométrie plane s'appliquent dans chaque plan de l'espace.
- Des objets (droites, points…) sont dits coplanaires lorsqu'ils appartiennent à un même plan.

1.2. Détermination d'un plan

Un plan de l'espace est déterminé par :

- Trois points non alignés.
- Une droite et un point n'appartenant pas à cette droite.
- Deux droites sécantes.

1.3. Intersections

- Deux plans peuvent être parallèles (intersection vide) ou sécants (leur intersection est alors une droite).
- Un plan et une droite (non contenue dans le plan) peuvent être parallèles (intersection vide) ou sécants (un seul point d'intersection).
- Deux droites peuvent être parallèles (elles sont alors coplanaires), sécantes (elles sont là aussi coplanaires, et possèdent un seul point d'intersection), ou ni parallèles ni sécantes (elles ne sont alors pas coplanaires).

2. PARALLELISME

2.1. Droites parallèles

- Deux droites de l'espace sont parallèles lorsqu'elles sont coplanaires et non sécantes.
- Si deux droites sont parallèles, toute parallèle à l'une est parallèle à l'autre.
- Il existe une droite et une seule passant par un point donné et parallèle à une droite donnée.
- Si deux droites sont parallèles, tout plan coupant l'une coupe l'autre.

2.2. Plans parallèles

- Deux plans sont parallèles lorsqu'ils sont confondus ou d'intersection vide.
- Si deux plans sont parallèles, tout plan parallèle à l'un est parallèle à l'autre.
- Il existe un plan et un seul passant par un point donné et parallèle à un plan donné.
- Etant donnés deux plans parallèles, toute droite coupant l'un coupe l'autre, et tout plan coupant l'un coupe l'autre, et les droites d'intersection sont parallèles :

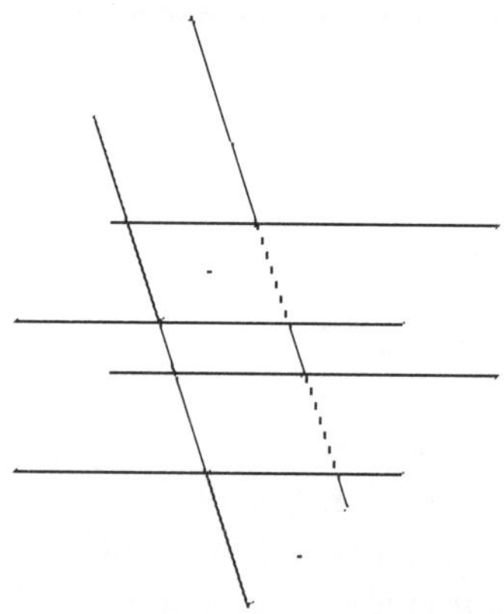

- Si deux droites sécantes (D_1) et (D_1') d'un plan (P_1) sont respectivement parallèles à deux droites sécantes (D_2) et (D_2') d'un plan (P_2), alors les plans (P_1) et (P_2) sont parallèles :

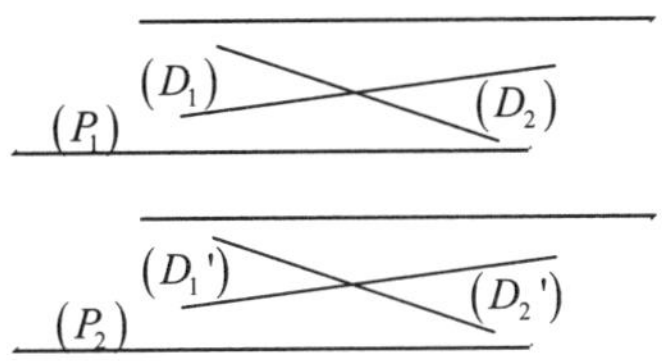

2.3. Droite et plan parallèles

- Une droite et un plan sont parallèles lorsqu'ils ne sont pas sécants, donc lorsque la droite est contenue dans le plan, ou lorsqu'ils n'ont pas de point d'intersection.
- Soit (D) et (P) une droite et un plan parallèles. Si une droite (D') est parallèle à (D), alors (D') est parallèle à (P) ; si un plan (P') est parallèle à (P), alors (D) est parallèle à (P').
- Si deux plans sont parallèles, alors toute droite contenue dans l'un est parallèle à l'autre :

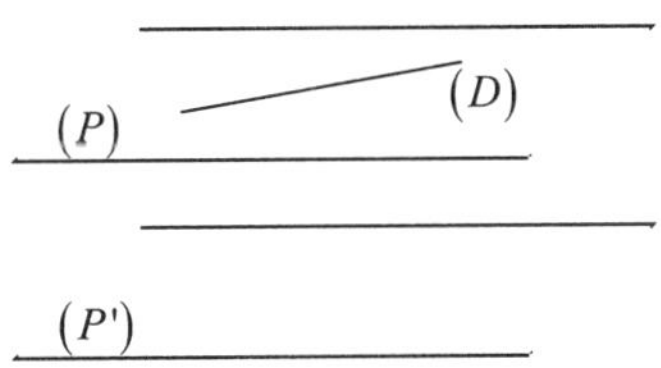

$(P)//(P')$ et $(D)\subset(P)$, donc $(D)//(P')$.

- Si deux droites sont parallèles, tout plan contenant l'une est parallèle à l'autre :

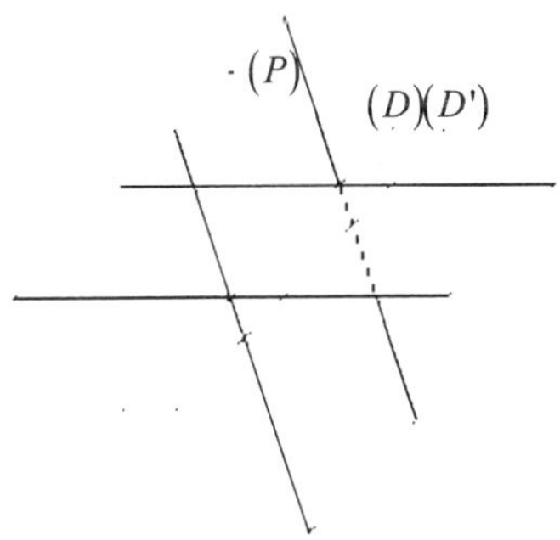

$(D)//(D')$ et $(D)\subset(P)$, donc $(P)//(D')$.

- Si deux plans sécants sont tous deux parallèles à une même droite, alors leur droite d'intersection est parallèle à cette droite.

✍ Exercice d'application 1

On considère le cube $ABCDEFGH$ ci-contre.
I est le milieu de $[BF]$.

1. Construire l'intersection de la droite (HI) et du plan $(ABCD)$.
2. Construire l'intersection des plans (HDI) et (HCA).

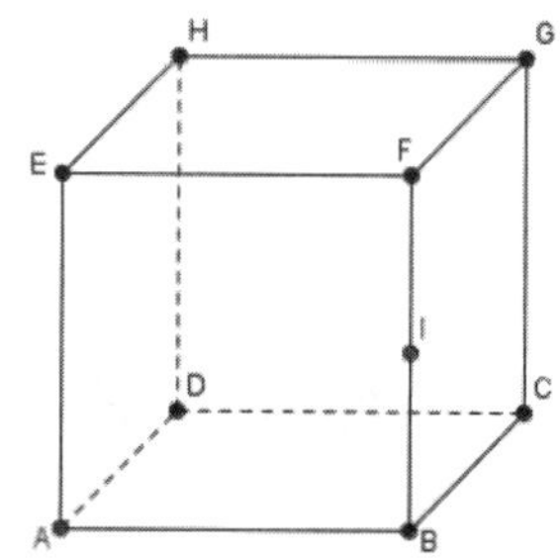

Corrigé

1. La droite (HI) n'est clairement pas parallèle au plan $(ABCD)$, ni incluse. La droite et le plan possèdent donc un unique point d'intersection M. Pour construire M, le plus simple est de réussir à le définir comme intersection de deux droites (faciles à tracer). Par définition, $M \in (HI)$ et il reste à trouver une seconde droite passant par M. Il faut faire preuve d'un peu d'imagination…et de rigueur.
Les points H, I, B et D sont coplanaires (car les droites (HD) et (IB) sont parallèles), donc les droites (HI) et (BD) sont soit parallèles, soit sécantes. Comme elles ne sont pas parallèles, elles sont sécantes, et leur point d'intersection est dans le plan $(ABCD)$ (puisque $(BD) \subset (ABCD)$) : c'est donc M :

$$\boxed{M = (HI) \cap (DB)}$$

2. Les plans (HDI) et (HDA) ne sont pas parallèles (ils contiennent le point H tous les deux), ils sont donc sécants et leur intersection est une droite Δ. Pour caractériser cette droite (et pouvoir la tracer), il suffit de trouver deux points appartenant à cette droite. H appartient aux deux plans, donc aussi à leur intersection Δ. Reste alors à trouver un second point sur Δ, donc un second point dans chacun des deux plans. Là aussi, il faut faire preuve d'un peu d'imagination…
Considérons le point K milieu de $[BD]$. $ABCD$ étant un carré, K est aussi le milieu de $[AC]$, donc $K \in (HCA)$. De plus, $K \in (BD)$ donc $K \in (HBD)$, donc $K \in (HDI)$ (puisque H, B, D et I sont coplanaires). K appartient aux deux plans, donc appartient à leur intersection Δ. Par suite :

$$\boxed{(HDI) \cap (HCA) = (HK)}$$

La construction est alors aisée :

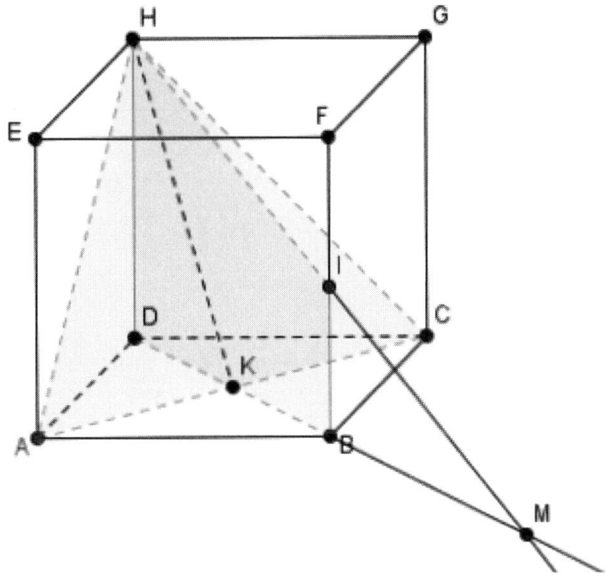

✍ Exercice d'application 2

Soit $ABCD$ un tétraèdre. Soit M un point de $[AC]$, distinct de A et C. La droite parallèle à (AB) passant par M coupe $[BC]$ en N, et la parallèle à (CD) passant par M coupe $[AD]$ en Q.

On désigne par (P) le plan (MNQ).

1. Faire une figure.
2. Justifier que les plans (P) et (ABD) sont parallèles à la droite (AB).
3. Soit I le point d'intersection de (P) et de la droite (BD). Montrer que les droites (QI) et (MN) sont parallèles.
4. Montrer que $MQIN$ est un parallélogramme.

Corrigé

1.

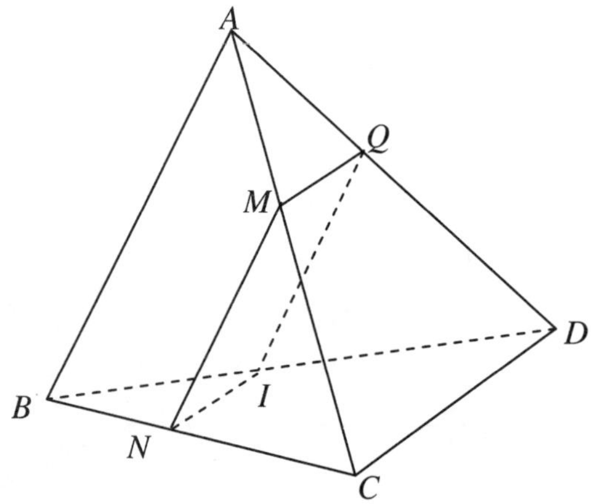

2. De façon évidente, (ABD) contient la droite (AB), donc :

$$\boxed{(ABD)/\!/(AB)}$$

D'autre part, le plan (P) contient la droite (MN), et (MN) est parallèle à (AB), donc :

$$\boxed{(P)/\!/(AB)}$$

3. On a démontré ci-dessus que les plans (ABD) et (P) sont parallèles à (AB), donc leur intersection est aussi parallèle à (AB).

Pour déterminer la droite intersection de ces deux plans, il suffit de déterminer deux points appartenant à ces deux plans ; la droite intersection est alors la droite formée par ces deux points.

D'une part, $Q \in (AD)$, donc $Q \in (ABD)$, et $Q \in (P)$ par définition. Donc $Q \in (ABD) \cap (P)$.

D'autre part, $I \in (BD)$, donc $I \in (ABD)$, et $I \in (P)$ par définition. Donc $I \in (ABD) \cap (P)$.

La droite intersection de (ABD) et (P) est donc la droite (QI).

En résumé :

$$\left.\begin{array}{l}(ABD)/\!/(AB)\\(P)/\!/(AB)\end{array}\right\}\text{donc } (ABD)\cap(P)/\!/(AB),\text{ soit } (QI)/\!/(AB).$$

Pour conclure, il n'y a plus qu'à remarquer que $(AB)/\!/(MN)$ par définition, et donc :

$$\boxed{(QI)/\!/(MN)}$$

4. On a démontré ci-dessus que le quadrilatère $MQIN$ possédait deux côtés parallèles. Il suffit donc de prouver que ses deux autres côtés (MQ) et (IN) sont aussi parallèles. On peut pour cela s'inspirer de ce qui a été fait aux questions précédentes. Comme on sait déjà que $(MQ)//(CD)$, il faudrait montrer que $(IN)//(CD)$. Comme dans la question 3., on peut chercher deux plans dont l'intersection serait précisément la droite (IN) et qui seraient tous les deux parallèles à la droite (CD). L'examen de la figure suggère que les plans (P) et (BCD) devraient convenir.

D'une part, (P) contient (MQ), et $(MQ)//(CD)$, donc $(P)//(CD)$.

D'autre part, (BCD) contient (CD), donc $(BCD)//(CD)$.

On en déduit que $(P)\cap(BCD)//(CD)$.

Or, de façon un peu moins détaillée qu'à la question 3., le point N appartient à (P) et à (BCD), ainsi que le point I, donc $(P)\cap(BCD)=(NI)$.

Il vient alors : $(NI)//(CD)$.

De plus, $(MQ)//(CD)$, donc $(NI)//(MQ)$.

En résumé :

$$\left.\begin{array}{l}(NI)//(MQ)\\(MN)//(QI)\end{array}\right\}\text{donc } MQIN \text{ est un parallélogramme}$$

✍ Exercice d'application 3

On considère la pyramide régulière ci-dessous. Sa base est carrée. Déterminer sa hauteur.

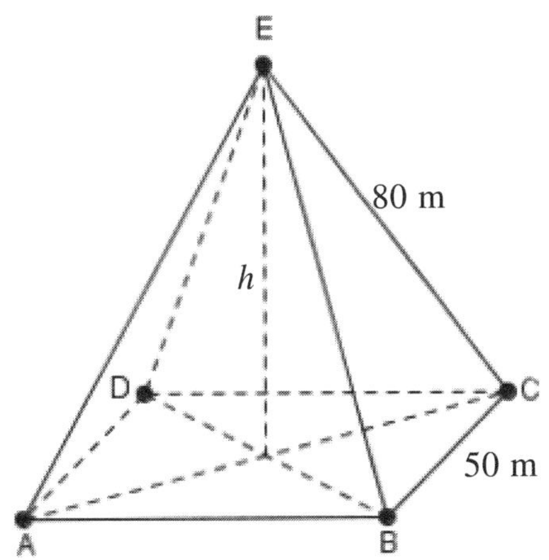

Corrigé

Malgré les apparences, il s'agit essentiellement d'un problème de géométrie plane. Encore faut-il réussir à trouver le plan dans lequel faire les calculs.
Appelons O le centre de la base. Il faut donc calculer la longueur OE.
La base étant carrée, le triangle ABC est rectangle isocèle en B et on peut appliquer le théorème de Pythagore : $AC^2 = AB^2 + BC^2$. On obtient : $AC^2 = 50^2 + 50^2 = 5000$ et donc $AC = \sqrt{5000} = 50\sqrt{2}$ (on retrouve une fois de plus le résultat classique : diagonale d'un carré = côté $\times \sqrt{2}$). O est le milieu de $[AC]$, donc $AO = \frac{AC}{2} = 25\sqrt{2}$. Enfin, le triangle AOE étant rectangle en O, on peut à nouveau appliquer le théorème de Pythagore :

$AE^2 = AO^2 + OE^2$

$80^2 = \left(25\sqrt{2}\right)^2 + OE^2$

$6400 - 1250 = OE^2$

$OE^2 = 5150$ et donc :

$$\boxed{h = OE = \sqrt{5150} \simeq 71{,}76 \text{ m}}$$

Devoirs surveillés

Devoir 1

Notions utiles :
chapitre 1 : Ensembles de nombres. Egalités. Inégalités.

Exercice 1 (15 mn / 5 pts)

1. Soit x le nombre dont le développement décimal (illimité) est $0{,}182182182...$ Démontrer que x est un nombre rationnel.
(On pourra calculer $1000x$ puis $1000x - x$).
2. Peut-on affirmer que le nombre dont le développement décimal (illimité) est $0{,}9999...$ est égal à 1 ?
(On pourra s'inspirer de la première question).

Exercice 2 (30 mn / 10 pts)

Soit $a = \dfrac{1+\sqrt{5}}{2}$.

1. a) Montrer que $a^2 = \dfrac{3+\sqrt{5}}{2}$.
b) En déduire que $a^2 = a + 1$.
2. Montrer que $\dfrac{1}{a} = a - 1$.
3. On admet que $2 < \sqrt{5} < 3$. Démontrer que $\dfrac{3}{2} < a < 2$.

Exercice 3 (15 mn / 5 pts)

Soit n un entier naturel.

1. Montrer que $\dfrac{1}{\sqrt{n+1}+\sqrt{n}} = \sqrt{n+1}-\sqrt{n}$.

2. Soit $A = \dfrac{1}{\sqrt{2}+\sqrt{1}} + \dfrac{1}{\sqrt{3}+\sqrt{2}} + \dfrac{1}{\sqrt{4}+\sqrt{3}} + \dots + \dfrac{1}{\sqrt{99}+\sqrt{98}} + \dfrac{1}{\sqrt{100}+\sqrt{99}}$.

Démontrer que A est un nombre entier.

Devoir 2

Notions utiles :
chapitre 1 : Inéquations. Inégalités. Equations.

Exercice 1 (15 mn / 5 pts)

Résoudre les inéquations suivantes :

a) $(x-3)^2 \geq 4$; **b)** $\frac{1}{x} \leq -2$; **c)** $\frac{1}{x} \leq \frac{1}{x-1}$.

Exercice 2 (45 mn / 15 pts)

Le but de cet exercice est de déterminer les valeurs de l'entier naturel n pour lesquelles le nombre $A = \frac{2n+12}{n+2}$ est un entier naturel.

1. Compléter le tableau de valeurs suivant :

n	0	1	2	3	4	5	6	7	8
A									

Quelle conjecture peut-on émettre concernant le problème posé ?

2. Prouver que, quelle que soit la valeur de l'entier naturel n, $2 \leq A \leq 6$.
Quelles sont les seuls entiers auxquels A est susceptible d'être égal ?

3. Résoudre chacune des équations $A = 2$, $A = 3$, $A = 4$, $A = 5$, $A = 6$.

4. Résoudre le problème posé.

Devoir 3

Notions utiles :
chapitre 1 : Inéquations. Inégalités. Equations. Egalités.

Exercice 1 (15 mn / 5 pts)

Soit a un nombre réel positif. Comparer a et a^2, a^2 et a^3 et, plus généralement, a^n et a^{n+1} (où n est un entier naturel non nul).
On distinguera les deux cas $0 \leq a \leq 1$ et $a \geq 1$.

Exercice 2 (45 mn / 15 pts)

Soit x un nombre réel quelconque. On pose : $A = x^2 - 4x + 3$.

1. Démontrer que, pour tout x réel, on a : $A = (x-2)^2 - 1$.

2. En utilisant l'une ou l'autre des expressions de A, résoudre les équations suivantes :
a) $A = 8$; b) $A = 0$; c) $A = 5$; d) $A = -3$.

3. Déterminer, suivant les valeurs du réel k, le nombre de solutions de l'équation $A = k$.

4. Résoudre les inéquations $A \leq 0$ et $A > 8$.

5. Démontrer les inégalités suivantes :
a) pour tout x réel, $A \geq -1$;
b) pour tout x de l'intervalle $[0 ; 6]$, $A \leq 15$.

Devoir 4

Notions utiles :
🗁 chapitre 1 : Ensembles de nombres.

On se propose, dans ce devoir, de prouver l'irrationalité des nombres $\sqrt{2}$ *et* $\sqrt{3}$*, par deux méthodes différentes.*

✍ Exercice 1 ______________________ (30 mn / 10 pts)

1. Résultats préliminaires.
Soit p un nombre entier pair (c'est-à-dire qui est un multiple de 2).
Démontrer que le nombre p^2 est aussi un nombre pair.
Démontrer de même que, si p est un entier impair, alors p^2 est aussi un entier impair.
Enoncer alors les *contre apposées* des propositions ci-dessus : que dire de l'entier p si on sait que l'entier p^2 est pair ? Si on sait que l'entier p^2 est impair ?

2. On va montrer que $\sqrt{2}$ est un nombre irrationnel en *raisonnant par l'absurde* : on suppose le contraire de ce qu'on veut démontrer, autrement dit que $\sqrt{2}$ est rationnel, c'est-à-dire qu'il existe deux entiers p et q tels que $\sqrt{2} = \dfrac{p}{q}$. On suppose de plus que cette fraction est irréductible (il est toujours possible, parmi des fractions qui sont toutes égales, de choisir celle qui est "la plus simplifiée possible"), donc que p et q n'ont pas de diviseur commun (autre que 1).
a) Montrer que $p^2 = 2q^2$.
b) En déduire la parité de p^2, puis que p est pair.
c) p étant pair, on peut poser $p = 2p'$, où p' est un entier. Montrer que $q^2 = 2p'^2$, et en déduire la parité de q.
d) Où est la contradiction dans ce qui a été démontré ci-dessus ? Conclure.

✍ Exercice 2 ________________ (30 mn / 10 pts)

Comme dans l'exercice précédent, on raisonne par l'absurde pour prouver que $\sqrt{3}$ n'est pas rationnel : supposons qu'il existe deux entiers p et q tels que $\sqrt{3} = \frac{p}{q}$, où p et q sont deux entiers premiers entre eux (c'est-à-dire sans diviseur commun autre que 1).

1. Montrer que $p^2 = 3q^2$.

2. A l'aide d'un tableur, ou à la main, compléter le tableau suivant :

	A	B	C	D	E
1	chiffre des unités de q	chiffre des unités de q^2	chiffre des unités de $3q^2$	chiffre des unités de p^2	chiffre des unités de p
2	0				0
3	1				1
4	2				2
5	3				3
6	4				4
7	5				5
8	6				6
9	7				7
10	8				8
11	9				9

(Pour le remplir à l'aide d'un tableur, on remarquera que le chiffre des unités d'un entier est le reste de la division de cet entier par 10, et on utilisera la fonction « MOD » du tableur, qui renvoie le reste de la division d'un entier par un nombre donné).

3. Que peut-on dire des chiffres des unités des nombres p^2 et $3q^2$? En déduire les chiffres des unités possibles de p et q.

4. Où est la contradiction ? Conclure.

Devoir 5

Notions utiles :
chapitre 2 : Vecteurs et applications.

Exercice 1 ____________ (30 mn / 10 pts)

Soit ABC un triangle et soit D, E et F les points définis par :

$$\overrightarrow{AD}=\frac{1}{2}\overrightarrow{AB}-\overrightarrow{AC} \quad ; \quad \overrightarrow{BE}=\overrightarrow{AB}+2\overrightarrow{AC} \quad ; \quad \overrightarrow{AF}=-\overrightarrow{AB}-\overrightarrow{AC}.$$

Les questions sont indépendantes. Aucune figure n'est demandée.

1. Montrer que (FD) est parallèle à (AB).
2. Exprimer $\overrightarrow{FC}$ en fonction de $\overrightarrow{AB}$ et $\overrightarrow{AC}$. Qu'en déduire concernant $BECF$?
3. Montrer que les points B, E et D sont alignés.
4. Montrer que les points A, F et E sont alignés.

Exercice 2 ____________ (30 mn / 10 pts)

Soit $\left(O\,;\vec{i}\,,\vec{j}\right)$ un repère orthonormé et soit $A(-3\,;1)$, $B(-1\,;5)$, $C(6\,;4)$ et $I(2\,;1)$.

1. Montrer que les points A, B et C appartiennent à un même cercle de centre I dont on précisera le rayon.
2. Le point $D(4\,;3)$ appartient-il à la droite (AC) ?
3. Soit $P(0\,;2)$. Montrer que, dans le triangle ABC, le point P est le pied de la hauteur issue de B.
   Déterminer la nature du triangle ABP.

Devoir 6

Notions utiles :
chapitre 2 : Vecteurs et applications.
chapitre 1 : Equations.

Exercice 1 (1h / 20 pts)

Dans la figure ci-dessous, le triangle OAB est rectangle isocèle en O tel que $OA = 1$, I est le milieu de $[AB]$, M est un point quelconque de $[AB]$ distinct de A et de B, P et Q sont les projetés orthogonaux de M sur $[OA]$ et $[OB]$.

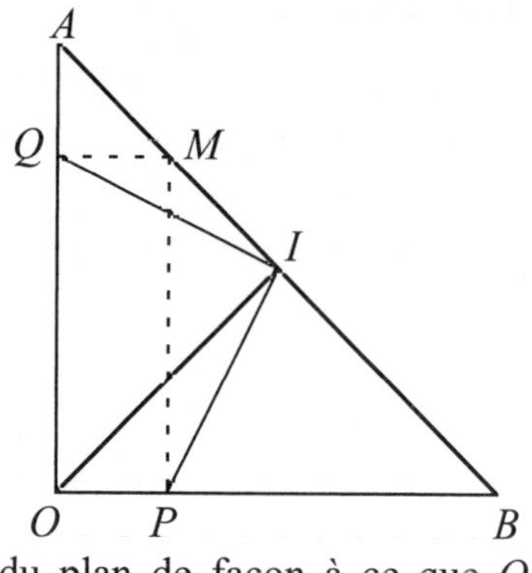

1. On choisit le repère du plan de façon à ce que O soit l'origine, B ait pour coordonnées $(1\ ;\ 0)$ et $A(0\ ;\ 1)$. A l'aide d'un logiciel de géométrie dynamique, réaliser la figure ci-dessus et faire afficher les valeurs de IQ^2, IP^2 et PQ^2. Faire varier le point M sur le segment $[AB]$. Que peut-on conjecturer concernant le triangle IPQ ?
2. On appelle $(x\ ;\ y)$ les coordonnées de M dans ce repère. Justifier que $\det\left(\overrightarrow{BM};\overrightarrow{BA}\right) = 0$. En déduire que $y = 1 - x$.
3. Déterminer, en fonction de x, les coordonnées des points P et Q.
4. Calculer les coordonnées de I et montrer que le triangle IPQ est isocèle rectangle.

✍ Exercice 2 ________________ (45 mn / 15 pts)

Soit $(O\ ;I\ ,J)$ un repère orthonormé et soit $A(-2\ ;1)$ et $B(2\ ;6)$. Soit x un réel quelconque et soit $M(x\ ;0)$ un point quelconque sur l'axe des abscisses.

1. Ecrire trois algorithmes permettant, pour une valeur de x donnée, de savoir si les points A, B et M sont alignés, de savoir si le triangle AMB est rectangle en B, de savoir si le triangle AMB est rectangle en M.
2. Déterminer x pour que les points A, M et B soient alignés.
3. Déterminer x pour que le triangle AMB soit rectangle en B.
4. Déterminer x pour que le triangle AMB soit rectangle en M.

Devoir 7

Notions utiles :
- **chapitre 2 : Vecteurs et applications.**
- **chapitre 3 : Fonctions.**

Exercice 1 (45 mn / 15 pts)

Soit f la fonction définie sur $\mathbb{R}$ par : $f(x) = x^2 - 4x - 1$.

1. A l'aide d'une calculatrice graphique, d'un tableur ou d'un logiciel de géométrie, tracer la courbe représentative (C) de f.

2. Déterminer graphiquement, puis par le calcul, les images par f de $-\dfrac{1}{2}$ et de $\dfrac{1}{2}$.

3. a) Démontrer que, pour tout x réel, $f(x) = (x-2)^2 - 5$.

b) Déterminer, graphiquement puis par le calcul, les antécédents par f de 3.

4. a) Graphiquement, où semble être atteint le minimum de f sur $\mathbb{R}$? Quelle semble être sa valeur ?

b) Démontrer par le calcul les résultats trouvés ci-dessus.

5. a) Démontrer que, pour tout réel a, $2 + a$ et $2 - a$ ont même image par f.

b) Quelle propriété de (C) peut-on en déduire ?

Exercice 2 (15 mn / 5 pts)

Soit f la fonction définie par : $f(x) = \sqrt{4 - x^2}$, (C) sa courbe représentative dans un repère orthonormé $(O\,;\,\vec{i}\,,\vec{j})$.

1. Déterminer l'ensemble de définition de f.

2. Montrer que (C) est un demi-cercle de centre O dont on précisera le rayon.

Devoir 8

Notions utiles :
- **chapitre 1 : Inégalités.**
- **chapitre 3 : Fonctions.**

Exercice 1 (45 mn / 15 pts)

Soit f la fonction définie par : $f(x) = \dfrac{2x}{x-1}$.

1. Préciser l'ensemble de définition de f et déterminer les antécédents par f de 3, de -2 et de 2.

2. Plus généralement, montrer que tout réel k, sauf un, possède un unique antécédent par f. Exprimer cet antécédent en fonction de k.

3. On pose, pour $k \neq 2$: $g(k) = \dfrac{k}{k-2}$.

a) Montrer que, pour tout $k \neq 2$, $f(g(k)) = k$.

b) Montrer que, pour tout $x \neq 1$, $g(f(x)) = x$.

Exercice 2 (15 mn / 5 pts)

Soit f la fonction définie par : $f(x) = \dfrac{x^2}{1+x^2}$.

1. Justifier que f est définie sur $\mathbb{R}$ puis monter que, pour tout x, $0 \leq f(x) \leq 1$.

2. 0 est-il un minimum de f sur $\mathbb{R}$? 1 est-il un maximum de f sur $\mathbb{R}$?

Devoir 9

Notions utiles :
- **chapitre 3 : Fonctions.**
- **chapitre 2 : Vecteurs et applications.**

Exercice 1 ______________________ (45 mn / 15 pts)

On cherche à déterminer, parmi les parallélépipèdes rectangles à base carrée de "périmètre" donné (on entend par périmètre la somme des longueurs de toutes les arêtes du parallélépipède), celui dont le volume est maximal. Pour cela, et simplement pour simplifier les calculs qui vont suivre, on considère que le périmètre du parallélépipède vaut 4 unités, et on appelle x la longueur du côté du carré formant la base (voir figure ci-dessous).

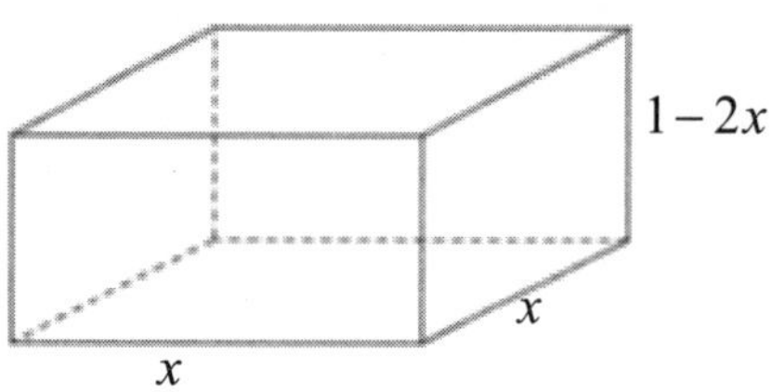

1. Vérifier que, avec une hauteur égale à $1-2x$ (comme sur la figure), on définit bien un parallélépipède rectangle de périmètre égal à 4. Dans quel intervalle x varie-t-il ?
2. Montrer que le volume du solide est donné par $V(x) = -2x^3 + x^2$.
3. A l'aide de l'outil de votre choix, tracer la courbe représentative de la fonction V et conjecturer la valeur de son maximum ainsi que la valeur de x réalisant ce maximum.
4. Eventuellement à l'aide d'un logiciel de calcul formel, montrer que, pour tout x, $V\left(\frac{1}{3}\right) - V(x) = \frac{(6x+1)(3x-1)^2}{27}$.
5. Conclure.

✍ Exercice 2 ________________ (45 mn / 15 pts)

Soit f la fonction définie pour $x \neq 2$ par : $f(x)=\dfrac{x+3}{x-2}$ et (C) sa courbe représentative dans un repère $(O\,;\,I\,,\,J)$. Soit $M(x\,;f(x))$ un point quelconque de (C), A le point de coordonnées $(2\,;\,1)$ et M' le symétrique de M par rapport à A (c'est-à-dire tel que A soit le milieu de $[MM']$).

1. A l'aide de l'outil de votre choix, tracer (C). Cette courbe semble-t-elle posséder une propriété de symétrie ?

2. Soit $(x'\,;\,y')$ les coordonnées de M' ; exprimer x' et y' en fonction de x et y.

3. Montrer que le point M' est un point de (C). Conclusion ?

Devoir 10

Notions utiles :
- **chapitre 2 : Vecteurs et applications.**
- **chapitre 4 : Equations de droites.**

Exercice 1 ______________ (45 mn / 15 pts)

Le plan est rapporté à un repère orthonormé $(O\ ;\vec{i}\ ,\vec{j})$. On considère les points $A(2\ ;\ 2)$ et $B\left(-1\ ;\ \dfrac{1}{2}\right)$, et la droite (D) d'équation $y=-2x+4$.

Les questions sont, dans une très large mesure, indépendantes.

1. Déterminer l'équation réduite de la droite (AB).
2. Déterminer les coordonnées du point *E*, intersection de la droite (D) avec l'axe des ordonnées.
3. Déterminer les coordonnées du point *I*, intersection des droites (D) et (AB).
4. Montrer que les droites (D) et (AB) sont perpendiculaires.
5. Déterminer une équation de la médiatrice (Δ) de $[AB]$.

Exercice 2 ______________ (45 mn / 15 pts)

Le plan est rapporté à un repère orthonormé $(O\ ;\vec{i}\ ,\vec{j})$. Soit $m\in\mathbb{R}$ et soit (Δ_m) et (Δ'_m) les droites d'équations $x+my-1=0$ et $mx-y+m=0$.

1. A l'aide d'un logiciel de géométrie dynamique, donner des valeurs à *m*, tracer les droites (Δ_m) et (Δ'_m) correspondantes, nommer I_m leur point d'intersection et utiliser le mode "trace" pour faire apparaître le lieu décrit par I_m lorsque *m* varie. On se propose par la suite de valider ces résultats.

2. Montrer que, quelle que soit la valeur de m, (Δ_m) et (Δ'_m) possèdent un unique point d'intersection I_m et déterminer, en fonction de m, les coordonnées de I_m.

3. Montrer que, quelle que soit la valeur de m, I_m appartient au cercle (C) de centre O et de rayon 1.

Devoir 11

Notions utiles :
- **chapitre 2 : Géométrie analytique.**
- **chapitre 4 : Equations de droites.**

Exercice 1 ______ (1 h / 20 pts)

Le plan est rapporté à un repère orthonormé $\left(O\ ;\vec{i}\ ,\vec{j}\right)$. Soit deux droites non verticales quelconques, (D) et (D'), d'équations réduites respectives $y = mx + p$ et $y = m'x + p'$. Soit A le point d'intersection de (D) et de l'axe des ordonnées, et soit (D_1) la droite parallèle à (D') passant par A. Le but ce cet exercice est de déterminer une condition (portant sur les coefficients m, m', p et p') permettant de savoir si les droites (D) et (D') sont perpendiculaires ou non.

1. Déterminer les coordonnées du point A, puis justifier que (D_1) a pour équation réduite $y = m'x + p$.
2. Soit B le point de (D) d'abscisse 1, et C le point de (D_1) d'abscisse 1. Déterminer les coordonnées des points B et C.
3. Comment traduire, à l'aide du triangle ABC, le fait que les deux droites (D) et (D') sont, ou non, perpendiculaires ?
4. En déduire que (D) et (D') sont perpendiculaires si, et seulement si $mm' = -1$.
5. *Application* :Soit $A(-2\ ;\ 1)$, $B(1\ ;\ 2)$ et $(D): y = -2x + 1$. Déterminer si les droites (AB) et (D) sont perpendiculaires ou non, puis déterminer l'équation réduite de la droite (Δ), perpendiculaire à (AB) passant par A.

Devoir 12

Notions utiles :
- **chapitre 2 : Géométrie analytique.**
- **chapitre 5 : Fonctions de référence.**

Exercice 1 **(45 mn / 15 pts)**

Soit f la fonction définie sur $\mathbb{R}$ par : $f(x) = x^2 - 4x + 5$ et soit (P) la parabole représentant f dans un repère $(O ; \vec{i}, \vec{j})$. Soit S le sommet de (P), $M(x ; y)$ un point quelconque de (P) et soit M' le point tel que $\overrightarrow{MM'} = \overrightarrow{SO}$.

1. Déterminer les coordonnées de S.
2. On suppose dans cette question que l'abscisse de M vaut 4. Calculer l'ordonnée de M, déterminer les coordonnées de M' et montrer que M' appartient à la parabole (P') d'équation $y = x^2$.
3. Reprendre les questions ci-dessus avec un point M d'abscisse x quelconque.
4. Expliquer comment on peut, à partir de la parabole (P'), construire point par point la courbe (P). Faire une figure représentant (P) et (P').
5. Montrer que, pour tout x, $f(x) = (x-2)^2 + 1$, puis étudier les variations de f de deux façons différentes.

Exercice 2 **(15 mn / 5 pts)**

Une entreprise fabrique et vend des objets. Logiquement, plus le prix de vente d'un objet est élevé, moins elle en vend…Plus précisément, si elle fixe le prix de vente d'un objet à x €, une étude statistique montre qu'elle en vend $240 - x$. Quel doit être le prix de vente d'un objet pour qu'elle réalise le bénéfice maximal ?

Devoir 13

Notions utiles :
- chapitre 2 : Géométrie analytique.
- chapitre 5 : Fonctions de référence.

Exercice 1 (3 h / 20 pts)

Le plan est rapporté à un repère orthonormé $\left(O\ ;\ \vec{i}\ ,\vec{j}\right)$. Soit f la fonction définie par $f(x)=\sqrt{1-\dfrac{x^2}{4}}$ et soit (C) sa courbe représentative. Soit $F\left(\sqrt{3}\ ;\ 0\right)$, $F'\left(-\sqrt{3}\ ;\ 0\right)$.

On se propose de tracer (C) et d'étudier une de ses propriétés.

Partie A

A l'aide d'un logiciel de géométrie dynamique, tracer la courbe (C), placer les points F et F', placer un point M variable sur (C), et faire afficher les valeurs de MF, de MF' et de $MF+MF'$. Faire varier le point M. Quelle propriété peut-on conjecturer ? Si cette conjecture est valable, permet-elle d'affirmer que les points de (C) sont les seuls points du plan vérifiant cette propriété ?

Partie B

1. Justifier que f est définie sur l'intervalle $[-2\ ;\ 2]$.
2. Justifier que, pour tout $x\in[-2\ ;\ 2]$, $-x\in[-2\ ;\ 2]$, puis montrer que, pour tout $x\in[-2\ ;\ 2]$, $f(-x)=f(x)$. Quelle propriété de (C) en déduit-on ?
3. A l'aide des théorèmes de rangement appropriés, étudier les variations de f sur l'intervalle $[0\ ;\ 2]$.

Partie C

1. Soit M un point quelconque de (C) d'abscisse x.

a) Montrer que $MF^2 = \left(\frac{\sqrt{3}}{2}x - 2\right)^2$.

b) Etudier, pour $x \in [-2\ ;\ 2]$, le signe de $\frac{\sqrt{3}}{2}x - 2$.

c) En déduire l'expression de MF en fonction de x.

2. Exprimer de même MF' en fonction de x, puis prouver que $MF + MF' = 4$.

Partie D

On se propose d'étudier la réciproque de la propriété démontrée à la partie B : un point M quelconque tel que $MF + MF' = 4$ se trouve-t-il nécessairement sur (C) ?

1. Soit $M(x\ ;\ y)$ tel que $MF + MF' = 4$. On rappelle que $F(\sqrt{3}\ ;\ 0)$ et que $F'(-\sqrt{3}\ ;\ 0)$. Montrer que $MF^2 - MF'^2 = 4(MF - MF')$.

2. Montrer que $MF^2 - MF'^2 = -4x\sqrt{3}$.

3. Déduire des deux questions précédentes que $MF' = MF + x\sqrt{3}$.

4. En utilisant le résultat précédent et la relation $MF + MF' = 4$, montrer que $MF = 2 - \frac{x\sqrt{3}}{2}$.

5. Exprimer MF^2 en fonction de x et y, puis prouver que $\frac{x^2}{4} + y^2 = 1$.

6. En déduire que le point M se trouve soit sur (C), soit sur la courbe (C') d'équation $y = -f(x)$. Comment obtient-on (C') à partir de (C) ?

7. Proposer une construction de (C) à l'aide d'une ficelle et de deux clous (ou de deux punaises).

Devoir 14

Notions utiles :
chapitre 6 : Statistiques.

Exercice 1 (15 mn / 7 pts)

On considère deux entreprises A et B. Les salaires moyens et les effectifs de ces deux entreprises sont donnés dans les tableaux suivants :

Entreprise A

	nombre	salaire moyen (€)
Cadres	10	4200
Ouvriers	50	1200

Entreprise B

	nombre	salaire moyen (€)
Cadres	20	3000
Ouvriers	30	1000

1. Calculer les salaires moyens de chaque entreprise. Quelle entreprise offre les salaires moyens les plus élevés ? Comment expliquer ce paradoxe ?

2. Quelle devrait être la proportion entre le nombre de cadres et le nombre d'ouvriers de l'entreprise A pour que les salaires moyens des deux entreprises soient égaux ? (On pourra appeler x et y les nombres de cadres et d'ouvriers de l'entreprise A).

Exercice 2 (30 mn / 13 pts)

On cherche à savoir si un dé A, dont les six faces sont numérotées de 1 à 6, est truqué ou non. Pour cela, on effectue 100 lancers de ce dé et on note le nombre d'apparitions de chaque face. Les résultats sont donnés dans le tableau suivant :

Face	1	2	3	4	5	6
Nombre d'apparitions	22	15	17	15	16	15

Afin d'interpréter ces résultats, on effectue aussi 100 lancers d'un dé B qu'on sait bien équilibré, dont les résultats sont donnés dans le tableau suivant :

Face	1	2	3	4	5	6
Nombre d'apparitions	18	16	17	16	15	18

1. Déterminer les moyennes (pondérées) $\overline{x}_A$ et $\overline{x}_B$ de ces deux séries. On considère que le dé A est truqué si $\overline{x}_A$ est égale à $\overline{x}_B$ à 10% près, c'est-à-dire si $\overline{x}_A \in \left[\overline{x}_B - \frac{10}{100}\overline{x}_B \; ; \; \overline{x}_B + \frac{10}{100}\overline{x}_B \right]$. Avec ce modèle, le dé A est-il truqué ?

2. On effectue maintenant 9 autres séries de 100 lancers du dé B, et on note le nombre d'apparitions, pour chacune de ces séries, de la face n°1. Les résultats, rangés par ordre croissant, sont les suivants : 14 – 15 – 16 – 16 – 17 – 17 – 18 – 18 – 19 – 22. Déterminer la médiane *m* et l'étendue *d* de cette série. On considère que le dé A n'est pas truqué si le nombre d'apparitions de la face n°1 se trouve dans l'intervalle $\left[m - \frac{d}{2} \; ; \; m + \frac{d}{2} \right]$. Avec ce modèle, le dé A est-il truqué ?

3. En notant f_k la fréquence d'apparition de la face n°*k*, on appelle *d* le nombre positif défini par $d^2 = \frac{1}{6}\sum_{k=1}^{6}\left(f_k - \frac{1}{6} \right)^2$, c'est-à-dire :

$d^2 = \frac{1}{6}\left[\left(f_1 - \frac{1}{6} \right)^2 + \left(f_2 - \frac{1}{6} \right)^2 + \ldots + \left(f_6 - \frac{1}{6} \right)^2 \right]$. Calculer d^2 pour le dé A.

Comment peut-on interpréter ce nombre ?

4. On calcule le nombre d^2 défini ci-dessus pour les 10 séries de 100 lancers du dé B. Cette série de 10 valeurs de d^2 a les caractéristiques statistiques suivantes :

Min.	D_1	Q_1	m	Q_3	D_9	Max.
$3{,}15.10^{-4}$	$3{,}53.10^{-4}$	$4{,}78.10^{-4}$	$5{,}15.10^{-4}$	$5{,}73.10^{-4}$	$6{,}35.10^{-4}$	$6{,}58.10^{-4}$

(D_1 est le premier décile : 10 % des valeurs de la série sont inférieures ou égales à D_1, et D_9 est le neuvième décile : 90 % des valeurs de la série sont inférieures ou égales à D_9 ; *m* est la médiane, Q_1 et Q_3 sont les premier et troisième quartile).

On considère que le dé A est truqué si la valeur de d^2 calculée à la question précédente se situe dans les 20 % de valeurs extrêmes de la série ci-dessus, c'est-à-dire soit avant le premier décile, soit après le neuvième décile. Avec ce modèle, le dé A est-il truqué ?

5. On reprend le dé A. Déterminer l'intervalle de fluctuation à 95 % de la fréquence d'apparition de la face 1. Au seuil de 95 %, le dé A est-il truqué ?

Devoir 15

Notions utiles :
- chapitre 2 : Géométrie analytique.
- chapitre 6 : Statistiques.

Exercice 1 (30 mn / 10 pts)

On considère une classe de 30 élèves, dont les tailles ont été mesurées et regroupées par classes dans le tableau suivant :

Taille (m)	$]1,5\ ;\ 1,6]$	$]1,6\ ;\ 1,65]$	$]1,65\ ;\ 1,7]$	$]1,7\ ;\ 1,75]$	$]1,75\ ;\ 1,90]$
Nombre d'élèves	3	7	3	12	5

On se propose de déterminer la médiane de cette série de deux façons différentes.

1. Tracer la courbe des effectifs cumulés croissants de cette série et déterminer graphiquement sa médiane, ses premier et troisième quartiles.

2. a) Justifier que la médiane de la série appartient à l'intervalle $]1,7\ ;\ 1,75]$.

b) On suppose que les 12 élèves ayant une taille dans l'intervalle $]1,7\ ;\ 1,75]$ sont répartis uniformément, et on appelle F la fonction de répartition de cette série. Si x_1 et x_2 sont deux réels de l'intervalle $[1,7\ ;\ 1,75]$ ($x_1 < x_2$), que représente la différence $F(x_2)-F(x_1)$? L'hypothèse faite se traduit par la proportionnalité entre $F(x_2)-F(x_1)$ et x_2-x_1 : il existe un réel k tel que $F(x_2)-F(x_1)=k(x_2-x_1)$. En utilisant les valeurs de $F(1,7)$ et de $F(1,75)$, déterminer la valeur de k.

c) En déduire que, pour tout x de $]1,7\ ;\ 1,75]$, $F(x)=240x-395$.

d) En déduire, par le calcul, la valeur de la médiane de la série.

✍ Exercice 2 ______________ (30 mn / 10 pts)

Un correcteur de baccalauréat a obtenu les 80 notes suivantes :

Note	4	5	6	7	8	9	10	11	12	13	14	15	16	17	18
Nombre	2	2	5	10	9	10	12	10	7	5	5	1	1	0	1

1. Déterminer le mode, l'étendue e, la moyenne $\overline{x}$ et la médiane m de cette série.
2. Représenter cette série par un diagramme en bâtons.
3. On appelle variance de cette série la moyenne (pondérée) des carrés des écarts à la moyenne. Recopier et compléter le tableau suivant :
4.

Note	4	5	6	7	8	9	10	11	12	13	14	15	16	17	18
Nombre	2	2	5	10	9	10	12	10	7	5	5	1	1	0	1
$(\text{note} - \overline{x})^2$															

En déduire la valeur de la variance V de la série, puis l'écart type σ défini par : $\sigma = \sqrt{V}$. Quelle signification peut-on donner à V et à σ ?

5. On considère que cette série de notes est normale lorsque :
   a) l'écart entre la moyenne et la médiane est inférieur ou égal à 0,5 ;
   b) environ 70 % des notes sont dans l'intervalle $[\overline{x} - \sigma \; ; \overline{x} + \sigma]$;
   c) environ 95 % des notes sont dans l'intervalle $[\overline{x} - 2\sigma \; ; \overline{x} + 2\sigma]$.
   Cette série est-elle normale ?

Devoir 16

Notions utiles :
- chapitre 7 : Probabilités.
- chapitre 6 : Statistiques.

Exercice 1 (20 mn / 7 pts)

Un joueur affirme avoir réussi à truquer un dé à six faces de façon à ce que la probabilité d'apparition d'une face soit proportionnelle au numéro qu'elle porte.

1. Déterminer les probabilités d'apparition de chaque face.

2. On effectue 10000 lancers de ce dé et on note la fréquence d'apparition de chaque face :

Face	1	2	3	4	5	6
fréquence	0,0415	0,1021	0,1445	0,2000	0,2401	0,2718

Déterminer les intervalles de fluctuation à 95 % de chaque face et estimer, au seuil de 95 %, si le joueur a raison.

Exercice 2 (40 mn / 13 pts)[1]

On dispose de deux dés cubiques bien équilibrés. Le premier comporte une face numérotée 0, deux faces numérotées 8 et trois faces numérotées 4 ; le second comporte une face numérotée 1, une face numérotée 3, deux faces numérotées 5 et deux faces numérotées 7.

1. On lance les deux dés, et on s'intéresse à la somme des deux numéros obtenus.

a) Construire un tableau à double entrée représentant cette expérience aléatoire.

b) En déduire la probabilité de chaque valeur possible de la somme.

c) On considère les événements A : « la somme obtenue est un multiple de 3 » et B : « la somme obtenue est un multiple de 5 ». Déterminer les probabilités de A et B, décrire les événements $A \cap B$ et $A \cup B$ et calculer leurs probabilités.

2. On lance toujours les deux dés, et on s'intéresse au plus grand numéro apparu. Quel est le plus probable : « obtenir 4 » ou « obtenir 5 » ?

[1] Merci à Loïc Evanno

Devoir 17

Notions utiles :
chapitre 7 : Probabilités.

Exercice 1 (1h30 mn / 20 pts)

(D'après un exercice de bac)

Une urne contient 5 boules noires et 5 boules blanches. On en prélève n successivement et avec remise (n entier supérieur ou égal à 2).

Partie A

Dans cette partie, on suppose que $n = 3$ (on effectue donc 3 tirages).

1. Représenter cette expérience par un arbre faisant apparaître toutes les issues de cette expérience.
2. Déterminer alors les probabilités des événements A_1 : « n'obtenir que des boules blanches » ; A_2 : « n'obtenir que des boules noires » ; A_3 : « obtenir des boules des deux couleurs » ; A_4 : « obtenir au plus une blanche ».

Partie B

Dans cette partie, n est un entier quelconque.

1. Combien cette expérience possède-t-elle d'issues ?
2. Déterminer les probabilités des événements C : « toutes les boules tirées sont de même couleur » et D : « on obtient exactement une blanche ».
3. Soit A : « on obtient des boules des deux couleurs » et B : « on obtient au plus une blanche ». Montrer qu'on a les probabilités suivantes :

$$p(A \cap B) = \frac{n}{2^n} ; \quad p(A) = 1 - \frac{1}{2^{n-1}} ; \quad p(B) = \frac{n+1}{2^n}.$$

Partie C

1. Ecrire un algorithme permettant de calculer, à partir d'une valeur de n donnée, les valeurs de $p(A \cap B)$, de $p(A)$ et de $p(B)$, et permettant de savoir si $p(A \cap B) = p(A) \times p(B)$.
2. Montrer que $p(A \cap B) = p(A) \times p(B)$ si, et seulement si $2^{n-1} = n + 1$.

3. Calculer, pour n entre 2 et 10, 2^{n-1} et $n+1$ et déterminer les valeurs de n entre 2 et 10 pour lesquelles $p(A \cap B) = p(A) \times p(B)$. On dit alors que les événements A et B sont indépendants.

Devoir 18

Notions utiles :
chapitre 8 : Trigonométrie.

Exercice 1 _________________ (30 mn / 10 pts)

Les trois questions de cet exercice sont indépendantes.

1. Placer les nombres 11π, $-\frac{2\pi}{3}$, $\frac{17\pi}{2}$ et $-\frac{101\pi}{4}$ sur le cercle trigonométrique et déterminer leurs sinus et cosinus.
2. Soit x un réel de $\left[\frac{\pi}{2}\ ;\ \pi\right]$ tel que $\sin x = \frac{1}{3}$. Déterminer les valeurs exactes de $\cos x$ et de $\tan x$.
3. On rappelle que, pour tout réel x, $\cos(\pi - x) = -\cos x$. Simplifier le nombre :

$$A = \cos\frac{\pi}{7} + \cos\frac{2\pi}{7} + \cos\frac{3\pi}{7} + \cos\frac{4\pi}{7} + \cos\frac{5\pi}{7} + \cos\frac{6\pi}{7}.$$

Exercice 2 _________________ (30 mn / 10 pts)

Soit ABC un triangle tel que les angles en B et en C aient respectivement pour mesures 45° et 60°. Soient H et K les projeté orthogonaux respectivement de A sur (BC) et de C sur (AB). On pose $BH = a$.

1. Déterminer, en degrés, une mesure de l'angle en A, puis exprimer, en fonction de a, les longueurs AC, BC, CK et AK.
2. En déduire les valeurs exactes de $\cos 75°$ et $\sin 75°$.

Devoir 19

Notions utiles :
chapitre 8 : Trigonométrie.

Exercice 1 (1 h / 20 pts)

Le but de ce problème est d'exprimer $\cos(2x)$ en fonction de $\cos x$.

Partie A

Recopier et compléter le tableau suivant :

x	0	$\frac{\pi}{6}$	$\frac{\pi}{4}$	$\frac{\pi}{2}$
$2\cos x$				
$\cos 2x$				

Que peut-on en déduire ?

Partie B

Soit x un réel de $\left[0\ ;\ \frac{\pi}{4}\right]$. Dans la figure ci-dessous, le triangle ABC est rectangle en B, I est le milieu de $[AC]$, H est le pied de la hauteur issue de B, et on pose $x = \widehat{ACB}$. On pose : $AI = a$.

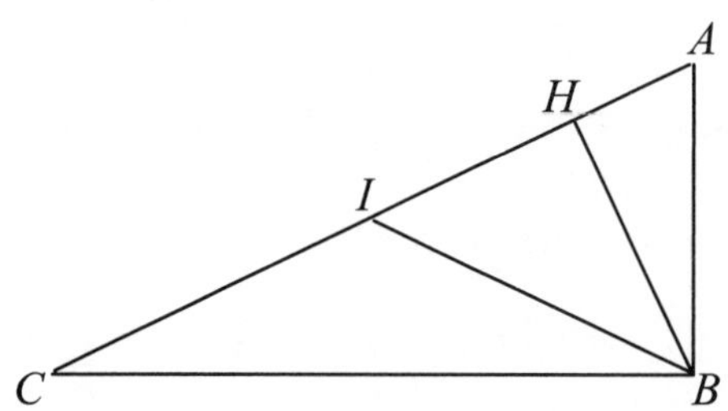

1. Justifier que le triangle CIB est isocèle. En déduire $\widehat{CIB}$ en fonction de x, puis que $\widehat{AIB} = 2x$.

2. En exprimant $\cos x$ de deux façons différentes, montrer que $CH = 2a(\cos x)^2$.

3. Montrer que $\cos(2x) = \dfrac{CH - a}{a}$, puis que : $\cos(2x) = 2(\cos x)^2 - 1$.

4. Vérifier la formule ci-dessus pour $x = \dfrac{\pi}{6}$ et pour $x = \dfrac{\pi}{4}$.

5. En vous inspirant des questions ci-dessus, démontrer de même que $\sin(2x) = 2\sin x \cos x$.

Partie C

Utiliser les formules ci-dessus pour déterminer les valeurs exactes de $\cos\dfrac{\pi}{8}$ et de $\sin\dfrac{\pi}{8}$.

Devoir 20

Notions utiles :
- chapitre 9 : Géométrie dans l'espace.
- chapitre 8 : Trigonométrie.
- chapitre 5 : Trinômes.

Exercice 1 (20 mn / 7 pts)

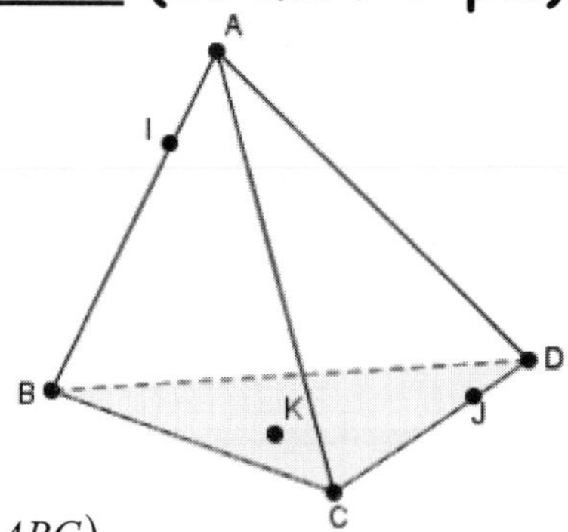

Dans la figure ci-contre, les points I et J sont sur les arêtes $[AB]$ et $[CD]$, et K un point à l'intérieur de la face BCD.

1. Les droites (IJ) et (BC), (IJ) et (CD) et (IK) et (AD) sont-elles coplanaires ?

2. Déterminer et construire les intersections des plans (ABJ) et (CDI), des plans (ABK) et (ACD), puis des plans (AJK) et (ABC).

Exercice 2 (25 mn / 7 pts)

Soit $ABCD$ un tétraèdre et soit B', C' et D' trois points quelconques sur les arêtes $[AB]$, $[AC]$ et $[AD]$ tels que $(B'C')$ et (BC) ne soient pas parallèles, ainsi que $(C'D')$ et (CD).

1. On suppose dans cette question que $(B'D')$ et (BD) ne sont pas parallèles. Justifier que les droites $(B'C')$ et (BC) sont sécantes en un point R, que les droites $(C'D')$ et (CD) sont sécantes en un point S et que les droites $(B'D')$ et (BD) sont sécantes en un point T, puis démontrer que les points R, S et T sont alignés.

2. On suppose dans cette question que les droites $(B'D')$ et (BD) sont parallèles. Montrer que les droites (RS) et (BD) sont parallèles. Déterminer alors l'intersection des plans (ABD) et (ARS).

Exercice 3 (15 mn / 6 pts)

Soit $ABCDEFGH$ le cube habituel de côté de longueur 1, soit x un réel de $[0\ ;\ 1]$ et soit I, J et K les points situés respectivement sur les arêtes $[AB]$, $[CG]$ et $[HE]$ tels que $AI = CJ = HK = x$.

1. On admet que le triangle IBJ est rectangle en B. Exprimer IJ^2 en fonction de x.

2. On admet que des calculs similaires à ceux de la question 1 conduisent au même résultat pour IK^2 et KJ^2, si bien que le triangle IJK est équilatéral, et on rappelle que l'aire d'un triangle équilatéral de côté a vaut $\frac{a^2\sqrt{3}}{4}$. Exprimer, en fonction de x, l'aire $A(x)$ du triangle IJK, puis déterminer la valeur de x pour laquelle cette aire est minimale.

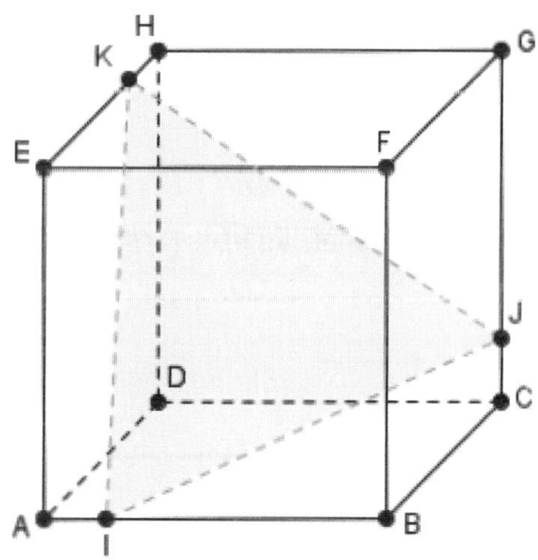

Devoir 21

Notions utiles :
- **chapitre 9 : Géométrie dans l'espace.**
- **chapitre 8 : Trigonométrie.**

Exercice 1 ________________ (30 mn / 10 pts)

Soit $ABCD$ un tétraèdre, I un point de $[AD]$ qui n'est pas le milieu de $[AD]$, J le milieu de $[BD]$ et K le milieu de $[CD]$.

1. Faire une figure (que l'on complètera au fur et à mesure).

2. Justifier que les droites (AB) et (IJ) sont sécantes. Soit M leur point d'intersection.

3. Justifier que les droites (AC) et (IK) sont sécantes. Soit N leur point d'intersection.

4. Quelle est l'intersection des plans (ABC) et (IJK) ?

5. Démontrer que (JK) est parallèle au plan (ABC).

6. Démontrer que les droites (BC) et (MN) sont parallèles.

Exercice 2 ________________ (30 mn / 10 pts)

Dans la figure ci-dessous, $ABCDEFGH$ est un pavé droit et on pose $BC = a$.

1. Déterminer une valeur approchée de l'angle $\widehat{GBE}$.

2. On rappelle que le volume d'une pyramide est donné par la formule : $V = \frac{1}{3}\text{base} \times \text{hauteur}$. En calculant de deux façons différentes le volume de la pyramide $FEGB$, déterminer la longueur de la hauteur issue de F.

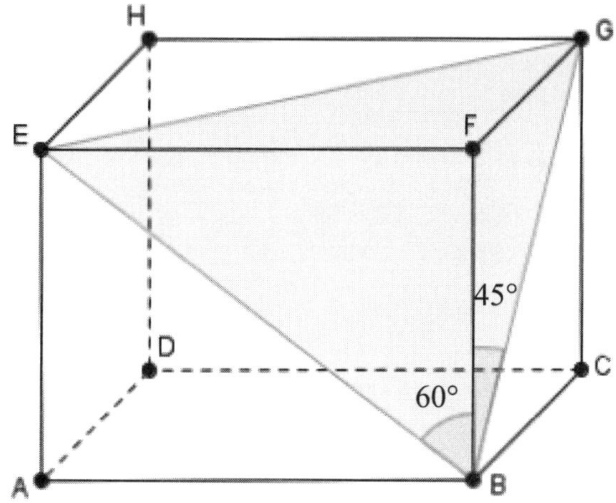
H
G
E
F
45°
D
C
60°
A
B

Corrigés

Devoir 1

✍ Exercice 1

1. On a $x = 0{,}182182182...$ donc $1000x = 1000 \times 0{,}182182182...$ et donc : $1000x = 182{,}182182...$

On en déduit que $1000x - x = 182{,}182182182... - 0{,}182182182... = 182.$

Donc $999x = 182$ et, par conséquent :

$$\boxed{x = \frac{182}{999}}$$

Ce qui prouve en effet que x est un nombre rationnel (quotient de deux nombres entiers).

Remarque :

Cette même méthode peut être appliquée pour prouver que tout nombre x dont le développement décimal est *périodique* (c'est-à-dire comportant une même séquence de chiffres se répétant à l'infini, comme ici 182) est un nombre rationnel. Il suffit pour cela de multiplier x par une puissance de 10 convenable (ici, 1000) puis de calculer la différence de ce nombre avec x.

2. En s'inspirant de la question précédente, posons $x = 0{,}999...$

On a alors $10x = 10 \times 0{,}999... = 9{,}999...$

Donc $10x - x = 9{,}999... - 0{,}999... = 9.$

Par conséquent, $9x = 9$ et donc $x = \frac{9}{9} = 1.$

En définitive, la réponse est oui :

$$\boxed{0{,}9999... = 1} \,!$$

(Ce qui est assez surprenant quand on y pense, puisque cela prouve que l'écriture décimale de 1 n'est pas unique…)

✍ Exercice 2

1. a) Simple question de calcul (encore faut-il être capable de le mener sans erreurs) :

$$a=\frac{1+\sqrt{5}}{2} \text{ donc } a^2=\left(\frac{1+\sqrt{5}}{2}\right)^2=\frac{\left(1+\sqrt{5}\right)^2}{2^2}$$

$$a^2=\frac{1^2+2\times1\times\sqrt{5}+\sqrt{5}^2}{2^2}$$

$$a^2=\frac{1+2\sqrt{5}+5}{4}$$

$$a^2=\frac{6+2\sqrt{5}}{4}$$

On va pouvoir simplifier cette fraction par 2, à condition de transformer le numérateur en produit, donc en mettant 2 en facteur (rappel : la *seule* règle de simplification de fractions est $\frac{a\times c}{b\times c}=\frac{a}{b}$) :

$$a^2=\frac{2\left(3+\sqrt{5}\right)}{2\times2} \text{ et finalement :}$$

$$\boxed{a^2=\frac{3+\sqrt{5}}{2}}$$

b) On sait déjà que $a^2=\frac{3+\sqrt{5}}{2}$. Reste à calculer $a+1$:

$$a+1=\frac{1+\sqrt{5}}{2}+\frac{2}{2}=\frac{3+\sqrt{5}}{2}.$$

On a bien $\boxed{a^2=a+1}$

2. Les quatre méthodes proposées dans le rappel de cours peuvent ici s'appliquer ; le calcul de $\frac{1}{a}$ n'étant pas évident et long (technique de la quantité conjuguée, voir exercice d'application 3), on va lui préférer la dernière méthode rappelée.

On sait que $a^2=a+1$, donc, en divisant par a : $\frac{a^2}{a}=\frac{a}{a}+\frac{1}{a}$. On simplifie : $a=1+\frac{1}{a}$ et on obtient :

$$\boxed{a-1=\frac{1}{a}}$$

ce qui est bien l'égalité demandée.

3. On peut prouver l'encadrement $\frac{3}{2} < a < 2$ en prouvant séparément chacune des inégalités $\frac{3}{2} < a$ et $a < 2$ (chacune d'elles se démontrant en calculant une différence et en étudiant le signe du résultat). Il est ici plus rapide et moins calculatoire d'utiliser les règles de manipulations d'inégalités rappelées au paragraphe 3 :

On sait que $2 < \sqrt{5} < 3$, donc $2+1 < 1+\sqrt{5} < 3+1$, soit $3 < 1+\sqrt{5} < 4$. On obtient alors, en divisant tous les termes de l'encadrement par 2 (ou en les multipliant tous par $\frac{1}{2}$, ce qui revient au même) :

$\frac{3}{2} < \frac{1+\sqrt{5}}{2} < \frac{4}{2}$ (remarquer qu'on n'a pas changé le sens des inégalités car on a divisé par un même nombre *positif*). Il vient alors :

$$\boxed{\frac{3}{2} < a < 2}$$

✍ Exercice 3

1. A défaut d'idée lumineuse, on peut calculer la différence et essayer de trouver 0 :

$$\frac{1}{\sqrt{n+1}+\sqrt{n}} - \left(\sqrt{n+1}-\sqrt{n}\right) = \frac{1}{\sqrt{n+1}+\sqrt{n}} - \frac{\left(\sqrt{n+1}-\sqrt{n}\right)\left(\sqrt{n+1}+\sqrt{n}\right)}{\sqrt{n+1}+\sqrt{n}}$$

(on réduit au même dénominateur en espérant une simplification) ;

$$\frac{1}{\sqrt{n+1}+\sqrt{n}} - \left(\sqrt{n+1}-\sqrt{n}\right) = \frac{1-\left(\sqrt{n+1}^2-\sqrt{n}^2\right)}{\sqrt{n+1}+\sqrt{n}}$$

$$\frac{1}{\sqrt{n+1}+\sqrt{n}} - \left(\sqrt{n+1}-\sqrt{n}\right) = \frac{1-(n+1-n)}{\sqrt{n+1}+\sqrt{n}}$$

$$\frac{1}{\sqrt{n+1}+\sqrt{n}} - \left(\sqrt{n+1}-\sqrt{n}\right) = \frac{1-1}{\sqrt{n+1}+\sqrt{n}} = 0.$$

On peut bien conclure que :

$$\boxed{\frac{1}{\sqrt{n+1}+\sqrt{n}} = \sqrt{n+1}-\sqrt{n}}$$

2. Il s'agit de remarquer que chaque terme intervenant dans A est exactement de la forme $\frac{1}{\sqrt{n+1}+\sqrt{n}}$; par exemple, le premier terme, $\frac{1}{\sqrt{2}+\sqrt{1}}$, est exactement

$\dfrac{1}{\sqrt{n+1}+\sqrt{n}}$ lorsque $n=1$, le deuxième pour $n=2$, et le dernier pour $n=100$.

On va donc pouvoir utiliser l'égalité démontrée à la question 1 pour écrire A autrement (en espérant une simplification évidemment) :

Pour $n=1$, l'égalité du 1. s'écrit $\dfrac{1}{\sqrt{1+1}+\sqrt{1}}=\sqrt{1+1}-\sqrt{1}$, c'est-à-dire $\dfrac{1}{\sqrt{2}+\sqrt{1}}=\sqrt{2}-\sqrt{1}$.

De même, pour $n=2$: $\dfrac{1}{\sqrt{3}+\sqrt{2}}=\sqrt{3}-\sqrt{2}$

Pour $n=3$: $\dfrac{1}{\sqrt{4}+\sqrt{3}}=\sqrt{4}-\sqrt{3}$

Pour $n=99$: $\dfrac{1}{\sqrt{99}+\sqrt{98}}=\sqrt{99}-\sqrt{98}$

Pour $n=100$: $\dfrac{1}{\sqrt{100}+\sqrt{99}}=\sqrt{100}-\sqrt{99}$.

On peut alors réécrire A, en remplaçant :

$A=\sqrt{2}-\sqrt{1}+\sqrt{3}-\sqrt{2}+\sqrt{4}-\sqrt{3}+\sqrt{5}-\sqrt{4}+...+\sqrt{99}-\sqrt{98}+\sqrt{100}-\sqrt{99}$.

On s'aperçoit alors que tous les termes se simplifient, sauf $-\sqrt{1}$ et $\sqrt{100}$; il reste alors :

$A=-\sqrt{1}+\sqrt{100}=-1+10$ et donc :

$$\boxed{A=9}. \text{ En effet, } A\in\mathbb{N}.$$

Devoir 2

Exercice 1

Rappelons qu'il n'existe qu'*une* méthode de résolution de telles inéquations (autres que du premier degré) ; il serait vain d'en chercher une autre.

a) $(x-3)^2 \geq 4 \Leftrightarrow (x-3)^2 - 4 \geq 0$

$\Leftrightarrow (x-3-2)(x-3+2) \geq 0$

$\Leftrightarrow (x-5)(x-1) \geq 0.$

x	$-\infty$		1		5		$+\infty$	
signe de $x-5$		$-$		$-$	0	$+$		(car $1>0$)
signe de $x-1$		$-$	0	$+$		$+$		(car $1>0$)
signe de $(x-5)(x-1)$		$+$	0	$-$	0	$+$		

On en déduit que $(x-5)(x-1) \geq 0$ lorsque :

$$\boxed{x \in \left]-\infty\,;1\right] \cup \left[5\,;+\infty\right[}$$

b) $\dfrac{1}{x} \leq -2 \Leftrightarrow \dfrac{1}{x} + 2 \leq 0$

$\Leftrightarrow \dfrac{1+2x}{x} \leq 0.$

x	$-\infty$		$-1/2$		0		$+\infty$	
signe de $1+2x$		$-$	0	$+$	||	$+$		(car $2>0$)
signe de x		$-$		$-$	||	$+$		(car $1>0$)
signe de $\dfrac{1+2x}{x}$		$+$	0	$-$	||	$+$		

On en déduit que $\dfrac{1+2x}{x} \leq 0$ lorsque :

$$\boxed{x \in \left[-\frac{1}{2}\,;0\right[}$$

c) $\dfrac{1}{x} \leq \dfrac{1}{x-1} \Leftrightarrow \dfrac{1}{x} - \dfrac{1}{x-1} \leq 0$

$$\Leftrightarrow \frac{x-1}{x(x-1)} - \frac{x}{x(x-1)} \leq 0$$

$$\Leftrightarrow \frac{x-1-x}{x(x-1)} \leq 0$$

$$\Leftrightarrow \frac{-1}{x(x-1)} \leq 0.$$

x	$-\infty$	0		1	$+\infty$	
signe de -1	$-$	‖	$-$	‖	$-$	
signe de x	$-$	‖	$+$	‖	$+$	(car $1>0$)
signe de $x-1$	$-$	‖	$-$	‖	$+$	(car $1>0$)
signe de $\dfrac{-1}{x(x-1)}$	$-$	‖	$+$	‖	$-$	

On en déduit que $\dfrac{-1}{x(x-1)} \leq 0$ lorsque :

$$\boxed{x \in \left]-\infty\,;\,0\right[\cup \left]1\,;\,+\infty\right[}$$

Exercice 2

1.

n	0	1	2	3	4	5	6	7	8
A	6	$\frac{14}{3}$	4	$\frac{18}{5}$	$\frac{10}{3}$	$\frac{22}{7}$	3	$\frac{26}{9}$	$\frac{14}{5}$

On voit que $n=0$, $n=2$ et $n=6$ sont trois solutions du problème posé (pour ces trois valeurs de *n*, *A* est un nombre entier). Mais on ne peut pas savoir si ce sont les *seules* solutions ou pas. Et il n'est évidemment pas question de tester toutes les valeurs possibles de *n* (il y en a une infinité…).

2. On va démontrer les deux inégalités $2 \leq A$ et $A \leq 6$ séparément.

- Montrons que $2 \leq A$..

On a $A-2 = \dfrac{2n+12}{n+2} - 2$

$$= \frac{2n+12-2(n+2)}{n+2}$$

$$=\frac{2n+12-2n-4}{n+2}$$

$$=\frac{8}{n+2}.$$

Clairement, $\frac{8}{n+2}\geq 0$ (n'oublions pas que n est un entier naturel, donc est positif).

Par conséquent :

$$\boxed{A\geq 2}$$

- Montrons que $A\leq 6$.

On a $A-6=\frac{2n+12}{n+2}-6$

$$=\frac{2n+12-6(n+2)}{n+2}$$

$$=\frac{2n+12-6n-12}{n+2}$$

$$=\frac{-4n}{n+2}.$$

Or, $4n\leq 0$ et $n+2>0$, donc $\frac{-4n}{n+2}\leq 0$ et par conséquent :

$$\boxed{A\leq 6}$$

En résumé, on a bien $\boxed{2\leq A\leq 6}$ quel que soit l'entier naturel n.

Ayant $2\leq A\leq 6$, les seules possibilités sont les entiers compris entre 2 et 6 (par exemple, on est sûr que A ne peut pas être égal à 13), c'est-à-dire 2, 3, 4, 5 et 6.

3. Question fastidieuse mais nécessaire…

$$A=2 \Leftrightarrow \frac{2n+12}{n+2}=2$$

$\Leftrightarrow 2n+12=2(n+2)$ (produit en croix)

$$\Leftrightarrow 2n+12=2n+4$$

$$\Leftrightarrow 12=4.$$

Par conséquent :

$$\boxed{\text{l'équation } A=2 \text{ n'a pas de solution}}$$

$$A=3 \Leftrightarrow \frac{2n+12}{n+2}=3$$

$$\Leftrightarrow 2n+12=3(n+2)$$

$$\Leftrightarrow 2n+12=3n+6$$

$$\boxed{A=3\Leftrightarrow n=6}$$

$$\begin{aligned} A = 4 &\Leftrightarrow \frac{2n+12}{n+2} = 4 \\ &\Leftrightarrow 2n+12 = 4(n+2) \\ &\Leftrightarrow 2n+12 = 4n+8 \end{aligned}$$

$$\boxed{A = 4 \Leftrightarrow n = 2}$$

$$\begin{aligned} A = 5 &\Leftrightarrow \frac{2n+12}{n+2} = 5 \\ &\Leftrightarrow 2n+12 = 5n+10 \end{aligned}$$

$A = 5 \Leftrightarrow n = \frac{2}{3}$.

Mais $\frac{2}{3} \notin \mathbb{N}$, donc :

$$\boxed{\text{l'équation } A = 5 \text{ n'a pas de solution}} \text{ (dans } \mathbb{N}\text{)}$$

$$\begin{aligned} A = 6 &\Leftrightarrow \frac{2n+12}{n+2} = 6 \\ &\Leftrightarrow 2n+12 = 6n+12 \end{aligned}$$

$$\boxed{A = 6 \Leftrightarrow n = 0}$$

4. En conclusion, il n'existe que trois valeurs de n pour lesquelles A est un nombre entier : $\boxed{n = 0}$ (et alors $A = 6$), $\boxed{n = 2}$ (et alors $A = 4$) et $\boxed{n = 6}$ (et alors $A = 3$).

Devoir 3

✍ Exercice 1

Dans chacun des trois cas, deux méthodes sont possibles. Exposons les deux pour le premier d'entre eux.

1ère méthode : étude du signe de la différence.

On a $a^2 - a = a(a-1)$.

- 1er cas : si $0 \leq a \leq 1$.
  Dans ce cas, $a \geq 0$ et $a-1 \leq 0$, donc $a(a-1) \leq 0$ et donc :
  $$\boxed{a^2 \leq a}$$
- 2ème cas : si $a \geq 1$.
  Dans ce cas, $a \geq 0$ (un nombre plus grand que 1 est nécessairement positif) et $a-1 \geq 0$, donc $a(a-1) \geq 0$ et donc :
  $$\boxed{a^2 \geq a}$$

2ème méthode : utilisation des théorèmes de rangement.

- 1er cas : si $0 \leq a \leq 1$. En multipliant tout par a (et sans changer le sens des inégalités, puisque a est positif), il vient :
  $$\boxed{0 \leq a^2 \leq a}$$
- 2ème cas : si $a \geq 1$. En multipliant à gauche et à droite par a (qui est toujours positif), il vient :
  $$\boxed{a^2 \geq a}$$

Procédons de même pour comparer a^2 et a^3 :

- 1er cas : si $0 \leq a \leq 1$. En multipliant par a^2 (qui est positif) :
  $$\boxed{a^3 \leq a^2}$$
- 2ème cas : si $a \geq 1$, il vient de même :
  $$\boxed{a^3 \geq a^2}$$

Sans changement pour le cas général :

- 1er cas : si $0 \leq a \leq 1$. En multipliant par a^n (qui est positif) :
  $$\boxed{a^{n+1} \leq a^n}$$

- $2^{\text{ème}}$ cas : si $a \geq 1$, on obtient :

$$\boxed{a^{n+1} \geq a^n}$$

Remarque :

En résumé, on a démontré que :

- si $0 \leq a \leq 1$, alors $\ldots \leq a^{n+1} \leq a^n \leq a^{n-1} \leq \ldots \leq a^4 \leq a^3 \leq a^2 \leq a$

(les puissances d'un nombre plus petit que 1 sont rangées dans l'ordre décroissant) ;

- si $a \geq 1$, alors $\ldots \geq a^{n+1} \geq a^n \geq a^{n-1} \geq \ldots \geq a^4 \geq a^3 \geq a^2 \geq a$

(les puissances d'un nombre plus grand que 1 sont rangées dans l'ordre croissant).

✍ Exercice 2

1. Il s'agit de démontrer une égalité. Le plus simple est de "partir" de $(x-2)^2-1$ et d'"arriver" à A.

$$\begin{aligned}(x-2)^2-1 &= x^2-2\times x\times 2+2^2-1\\ &= x^2-4x+4-1\\ &= x^2-4x+3.\end{aligned}$$

On peut bien conclure que :

$$\boxed{A=(x-2)^2-1} \text{ pour tout réel } x.$$

2. Le soin est laissé au lecteur d'essayer de résoudre ces équations avec la première expression de A… C'est quasiment peine perdue.

a) $A=8 \Leftrightarrow (x-2)^2-1=8$

$\Leftrightarrow (x-2)^2=9$

$\Leftrightarrow x-2=3$ ou $x-2=-3$

$$\boxed{A=8 \Leftrightarrow x=5 \text{ ou } x=-1}$$

b) $A=0 \Leftrightarrow (x-2)^2-1=0$

$\Leftrightarrow (x-2)^2=1$

$\Leftrightarrow x-2=1$ ou $x-2=-1$

$$\boxed{A=0 \Leftrightarrow x=3 \text{ ou } x=1}$$

c) $A=5 \Leftrightarrow (x-2)^2-1=5$

$\Leftrightarrow (x-2)^2=6$

$\Leftrightarrow x-2=\sqrt{6}$ ou $x-2=-\sqrt{6}$

$$\boxed{A=5 \Leftrightarrow x=2+\sqrt{6} \text{ ou } x=2-\sqrt{6}}$$

d) $A=-3 \Leftrightarrow (x-2)^2-1=-3$

$\Leftrightarrow (x-2)^2=-2$

Or un carré ne peut être négatif, donc :

$$\boxed{\text{l'équation } A=-3 \text{ n'a pas de solution}}$$

3. La question précédente prouve déjà que l'équation $A=k$ n'a pas toujours le même nombre de solutions (0 ou 2 en examinant les quatre cas particuliers ci-dessus). Il s'agit ici de préciser cet état de fait. On va simplement tâcher de résoudre cette équation (même méthode qu'à la question 2.).

$A=k \Leftrightarrow (x-2)^2-1=k$

$\Leftrightarrow (x-2)^2=k+1.$

On voit apparaître les trois cas à envisager, suivant le signe de $k+1$:

- 1er cas : si $k+1>0$, donc si $k>-1$, l'équation $A=k$ possède deux solutions (à savoir $2+\sqrt{k+1}$ et $2-\sqrt{k+1}$). C'est le cas général des équations a), b) et c) de la question 2.
- 2ème cas : si $k+1=0$, donc si $k=-1$, l'équation $A=-1$ possède une seule solution (à savoir 2).
- 3ème cas : si $k+1<0$, donc si $k<-1$, l'équation $A=k$ ne possède pas de solution. C'est la généralisation de l'équation d) de la question 2.
-

4. $A \leq 0 \Leftrightarrow (x-2)^2-1 \leq 0$

$\Leftrightarrow (x-2-1)(x-2+1) \leq 0$

$\Leftrightarrow (x-3)(x-1) \leq 0.$

x	$-\infty$		1		3		$+\infty$
signe de $x-3$		$-$		$-$	0	$+$	
signe de $x-1$		$-$	0	$+$		$+$	
signe de $(x-3)(x-1)$		$+$	0	$-$	0	$+$	

On en déduit que $A \leq 0$ lorsque :

$$\boxed{x \in [1 ; 3]}$$

$A>8 \Leftrightarrow (x-2)^2-1>8$

$\Leftrightarrow (x-2)^2-9>0$

$\Leftrightarrow (x-2-3)(x-2+3)>0$

$\Leftrightarrow (x-5)(x+1)>0.$

x	$-\infty$		-1		5		$+\infty$
signe de $x-5$		$-$		$-$	0	$+$	
signe de $x+1$		$-$	0	$+$		$+$	
signe de $(x-5)(x+1)$		$+$	0	$-$	0	$+$	

D'où $A>8$ lorsque :

$$\boxed{x\in\left]-\infty\ ;\ -1\right[\cup\left]5\ ;\ +\infty\right[}$$

5. Attention qu'il s'agit bien de démontrer une inégalité, non de résoudre une inéquation. Dans les deux cas, on va calculer la différence et étudier le signe du résultat.

Remarquer qu'ici aussi la deuxième expression de A est la plus appropriée.

a) $A-(-1)=(x-2)^2-1+1$

$=(x-2)^2.$

Or $(x-2)^2\geq 0$, donc :

$\boxed{A\geq -1}$ pour tout x.

Remarque :

Ceci explique que l'équation $A=k$ n'ait pas de solution lorsque $k<-1$ (démontré à la question 3.).

b) $A-15=(x-2)^2-1-15$

$=(x-2)^2-16$

$=(x-2-4)(x-2+4)$

$=(x-6)(x+2).$

Pour étudier le signe de ce résultat, il nous suffit d'étudier le signe de chacun de ses facteurs, puis d'appliquer la règle des signes :

On sait que $x\in[0\ ;\ 6]$. Donc, en particulier, $x\leq 6$ et donc $x-6\leq 0$. De plus, $x\geq 0$ donc $x+2\geq 0$.

On en déduit que le produit $(x-6)(x+2)$ est négatif, et par conséquent que :

$$\boxed{A\leq 15 \text{ lorsque } x\in[0\ ;\ 6]}$$

Devoir 4

Exercice 1

1. p est un multiple de 2, donc il existe un entier k tel que $p = 2k$. On a alors $p^2 = (2k)^2 = 4k^2$, ce qu'on peut aussi écrire $p^2 = 2 \times 2k^2$. Or $2k \in \mathbb{N}$, donc p^2 est un multiple de 2 :

$$\boxed{\text{si } p \text{ est pair, alors } p^2 \text{ est pair}}$$

Supposons maintenant que p soit impair. On peut considérer qu'un entier impair est un entier qui suit (ou qui précède) un entier pair, c'est-à-dire qu' il existe un entier k tel que $p = 2k+1$. On a alors $p^2 = (2k+1)^2 = 4k^2 + 4k + 1$, ce qui peut aussi s'écrire $p^2 = 2(2k^2 + 2k) + 1$, ce qui prouve que p^2 est un entier qui suit un entier pair :

$$\boxed{\text{si } p \text{ est impair, alors } p^2 \text{ est impair}}$$

Si on sait que p^2 est pair, alors p ne peut pas être impair (sinon, ce qui est ci-dessus dit qu'alors p^2 serait impair), donc est pair.

De même, si on sait que p^2 est impair, alors p ne peut pas être pair (sinon, ce qui est ci-dessus dit qu'alors p^2 serait pair), donc est impair.

On peut résumer tout cela en disant que

$$\boxed{p \text{ et } p^2 \text{ ont même parité}}$$

2. a) On a $\sqrt{2} = \frac{p}{q}$ donc, en élevant au carré : $\sqrt{2}^2 = \left(\frac{p}{q}\right)^2$, ce qui donne $2 = \frac{p^2}{q^2}$, puis :

$$\boxed{p^2 = 2q^2}$$

b) $p^2 = 2q^2$, donc p^2 est pair, et la première question permet alors d'affirmer que

$$\boxed{p \text{ est pair}}$$

c) On remplace p par $2p'$ dans l'égalité $p^2 = 2q^2$: $(2p')^2 = 2q^2$, ce qui donne $4p'^2 = 2q^2$, puis, en simplifiant par 2 :

$$\boxed{2p'^2 = q^2}$$

Comme à la question b), on en déduit que q^2 est pair, et donc, en utilisant à nouveau le résultat de la première question, que

$$\boxed{q \text{ est pair}}$$

d) En résumé, nous avons démontré que les deux entiers p et q étaient pairs, c'est-à-dire qu'ils étaient tous les deux divisibles par 2 : ceci est en contradiction avec l'hypothèse que la fraction $\frac{p}{q}$ est irréductible. L'hypothèse faite est donc fausse, et donc

$$\boxed{\sqrt{2} \text{ n' est pas un nombre rationnel}}$$

✍ Exercice 2

1. C'est le même calcul que dans l'exercice 1 : $\sqrt{3}^2 = \left(\frac{p}{q}\right)^2$ et donc

$$\boxed{p^2 = 3q^2}$$

2. Dans le cas de l'utilisation d'un tableur, il faut taper, dans la case B2, la formule "=MOD(A2^2 ;10)", puis la copier-glisser vers le bas, dans la case C2, "=MOD(3*B2 ;10)" et, dans la case D2, taper la formule "=MOD(E2^2 ;10" et les copier-glisser vers le bas. On obtient le tableau suivant :

	A	B	C	D	E
1	chiffre des unités de q	chiffre des unités de q^2	chiffre des unités de $3q^2$	chiffre des unités de p^2	chiffre des unités de p
2	0	0	0	0	0
3	1	1	3	1	1
4	2	4	2	4	2
5	3	9	7	9	3
6	4	6	8	6	4
7	5	5	5	5	5
8	6	6	8	6	6
9	7	9	7	9	7
10	8	4	2	4	8
11	9	1	3	1	9

(par exemple, la case C10 signifie que, si le nombre q se termine par un 8, alors le nombre $3q^2$ se termine par un 2).

3. Les nombres $3q^2$ et p^2 sont égaux ; en particulier, ils doivent avoir le même chiffre des unités. Il nous faut donc examiner les colonnes C et D pour examiner les cas possibles.

Si $3q^2$ se termine par un 0, alors p^2 se termine aussi par un 0, et on voit dans le tableau que ce cas correspond au cas où p et q se terminent tous les deux par un 0.

Si $3q^2$ se termine par un 3, alors p^2 se termine aussi par un 3, et on voit dans le tableau que cela n'est pas possible (p^2 ne se termine jamais par un 3).

En examinant successivement chacune des lignes du tableau, on voit que la seule possibilité est que $3q^2$ et p^2 se terminent par un 0 (ligne 2) ou par un 5 (ligne 7).

Dans le premier cas, p et q se terminent par un 0, et, dans le second cas, p et q se terminent par un 5. En résumé :

$$\boxed{p \text{ et } q \text{ se terminent soit tous les deux par un 0, soit tous les deux par un 5}}$$

4. Si p et q se terminent par un 0, ils sont tous les deux multiples de 10 et, si p et q se terminent par un 5, ils sont tous les deux multiples de 5. Dans les deux cas, p et q ne sont pas premiers entre eux, ce qui contredit l'hypothèse faite sur l'irréductibilité de la fraction $\dfrac{p}{q}$; l'hypothèse faite est donc fausse :

$$\boxed{\sqrt{3} \text{ n'est pas un nombre rationnel}}$$

Remarque : Cette méthode est très largement généralisable pour prouver qu'un nombre de la forme $\sqrt{n}$ (où $n \in \mathbb{N}$) n'est pas rationnel (sauf dans le cas où n est un carré parfait, bien sûr).

Devoir 5

✍ Exercice 1

Le fait qu'aucune figure ne soit demandée est, dans un tel exercice, une aide plus qu'un handicap : les idées doivent provenir des données fournies par l'énoncé plus que de l'observation d'un schéma.

1. Montrons que les vecteurs $\overrightarrow{FD}$ et $\overrightarrow{AB}$ sont colinéaires. On a :

$$\begin{aligned}\overrightarrow{FD} &= \overrightarrow{FA}+\overrightarrow{AD}\\ &= -\overrightarrow{AF}+\overrightarrow{AD}\\ &= -\left(-\overrightarrow{AB}-\overrightarrow{AC}\right)+\frac{1}{2}\overrightarrow{AB}-\overrightarrow{AC}\\ &= \overrightarrow{AB}+\overrightarrow{AC}+\frac{1}{2}\overrightarrow{AB}-\overrightarrow{AC}\\ &= \frac{3}{2}\overrightarrow{AB}.\end{aligned}$$

Les vecteurs $\overrightarrow{FD}$ et $\overrightarrow{AB}$ sont colinéaires et, par conséquent :

$$\boxed{\text{les droites } (FD) \text{ et } (AB) \text{ sont parallèles}}$$

2. $$\begin{aligned}\overrightarrow{FC} &= \overrightarrow{FA}+\overrightarrow{AC}\\ &= \overrightarrow{AB}+\overrightarrow{AC}+\overrightarrow{AC}\end{aligned}$$

$$\boxed{\overrightarrow{FC}=\overrightarrow{AB}+2\overrightarrow{AC}}$$

L'énoncé donne $\overrightarrow{BE}=\overrightarrow{AB}+2\overrightarrow{AC}$; on constate que $\overrightarrow{FC}=\overrightarrow{BE}$, et donc :

$$\boxed{BECF \text{ est un parallélogramme}}$$

3. Pour montrer que B, E et D sont alignés, on peut par exemple montrer que les vecteurs $\overrightarrow{BE}$ et $\overrightarrow{BD}$ sont colinéaires.

D'une part, $\overrightarrow{BE}=\overrightarrow{AB}+2\overrightarrow{AC}$. Pour prouver que $\overrightarrow{BE}$ et $\overrightarrow{BD}$ sont colinéaires, il nous faut donc exprimer $\overrightarrow{BD}$ en fonction des mêmes vecteurs $\overrightarrow{AB}$ et $\overrightarrow{AC}$.

D'autre part, $$\begin{aligned}\overrightarrow{BD} &= \overrightarrow{BA}+\overrightarrow{AD}\\ &= \overrightarrow{BA}+\frac{1}{2}\overrightarrow{AB}-\overrightarrow{AC}\end{aligned}$$

$= -\overrightarrow{AB} + \frac{1}{2}\overrightarrow{AB} - \overrightarrow{AC}$

$= -\frac{1}{2}\overrightarrow{AB} - \overrightarrow{AC}.$

Il ne reste qu'à constater que $-2\overrightarrow{BD} = \overrightarrow{BE}$ pour affirmer que les vecteurs $\overrightarrow{BE}$ et $\overrightarrow{BD}$ sont colinéaires, et donc que :

$\boxed{B, E \text{ et } D \text{ sont alignés}}$

4. Comme ci-dessus, montrons par exemple que les vecteurs $\overrightarrow{AF}$ et $\overrightarrow{AE}$ sont colinéaires.

On a déjà $\overrightarrow{AF}$ en fonction de $\overrightarrow{AB}$ et $\overrightarrow{AC}$. Reste donc à exprimer $\overrightarrow{AE}$ en fonction de $\overrightarrow{AB}$ et $\overrightarrow{AC}$.

$\overrightarrow{AE} = \overrightarrow{AB} + \overrightarrow{BE}$

$= \overrightarrow{AB} + \overrightarrow{AB} + 2\overrightarrow{AC}$

$= 2\overrightarrow{AB} + 2\overrightarrow{AC}.$

Il ne reste qu'à constater que $-2\overrightarrow{AF} = \overrightarrow{AE}$ pour affirmer que les vecteurs $\overrightarrow{AF}$ et $\overrightarrow{AE}$ sont colinéaires, et donc que :

$\boxed{A, F \text{ et } E \text{ sont alignés}}$

Exercice 2

1. Dire que les points A, B et C appartiennent à un même cercle de centre I revient à dire que les segments $[IA]$, $[IB]$ et $[IC]$ sont trois rayons d'un même cercle, donc que les longueurs IA, IB et IC sont égales. Le repère étant orthonormé, on peut utiliser la formule du cours pour calculer ces longueurs :

$IA = \sqrt{(x_A - x_I)^2 + (y_A - y_I)^2}$

$= \sqrt{(-3-2)^2 + (1-1)^2}$

$= \sqrt{25+0}$

$IA = 5.$

$IB = \sqrt{(x_B - x_I)^2 + (y_B - y_I)^2}$

$= \sqrt{(-1-2)^2 + (5-1)^2}$

$= \sqrt{9+16}$

$IB = 5.$

$IC = \sqrt{(x_C - x_I)^2 + (y_C - y_I)^2}$

$= \sqrt{(6-2)^2 + (4-1)^2}$

$= \sqrt{16+9}$

$IC = 5.$

On constate que $IA = IB = IC = 5$, donc :

$$\boxed{A,\ B \text{ et } C \text{ sont sur le cercle de centre } I \text{ de rayon } 5}$$

2. Savoir si le point D appartient ou non à la droite (AC) revient à savoir si les vecteurs $\overrightarrow{AD}$ et $\overrightarrow{AC}$ sont colinéaires ou non. On a donc besoin des coordonnées de ces deux vecteurs.

$\overrightarrow{AD}\begin{vmatrix} x_D - x_A \\ y_D - y_A \end{vmatrix}$, donc $\overrightarrow{AD}\begin{vmatrix} 4-(-3) \\ 3-1 \end{vmatrix}$ et donc $\overrightarrow{AD}\begin{vmatrix} 7 \\ 2 \end{vmatrix}$.

De même, $\overrightarrow{AC}\begin{vmatrix} x_C - x_A \\ y_C - y_A \end{vmatrix}$ et on trouve $\overrightarrow{AC}\begin{vmatrix} 9 \\ 3 \end{vmatrix}$.

Or $\det\left(\overrightarrow{AD};\overrightarrow{AC}\right) = 7\times 3 - 9\times 2 = 21-18 = 3 \neq 0$, donc les vecteurs $\overrightarrow{AD}$ et $\overrightarrow{AC}$ ne sont pas colinéaires :

$$\boxed{D \notin (AC)}$$

3. Pour montrer que P est le pied de la hauteur issue de B, on doit démontrer que P appartient à la droite (AC), et que $(AP)\perp(AC)$.

- Commençons par démontrer que P appartient à (AC), donc que $\overrightarrow{AP}$ et $\overrightarrow{AC}$ sont colinéaires.

On a déjà les coordonnées de $\overrightarrow{AC}$: $\overrightarrow{AC}\begin{vmatrix} 9 \\ 3 \end{vmatrix}$. De plus, $\overrightarrow{AP}\begin{vmatrix} x_P - x_A \\ y_P - y_A \end{vmatrix}$, et on trouve $\overrightarrow{AP}\begin{vmatrix} 3 \\ 1 \end{vmatrix}$.

On a $\det\left(\overrightarrow{AC};\overrightarrow{AP}\right) = 9\times 1 - 3\times 3 = 9-9 = 0$, donc $\overrightarrow{AP}$ et $\overrightarrow{AC}$ sont colinéaires, et donc $P \in (AC)$.

- Démontrons que $(AP)\perp(AC)$. Comme il n'y a dans le cours aucune formule permettant de savoir directement si deux droites sont perpendiculaires ou non, il faut reformuler le problème de façon à pouvoir utiliser le cours. Or démontrer que $(AP)\perp(AC)$ revient en fait à démontrer que le triangle APB (ou bien le triangle ACP) est rectangle en P. On dispose pour cela de la réciproque du théorème de Pythagore. On a donc besoin de calculer les valeurs de AP^2, de BP^2 et de AB^2.

$AP^2 = (x_P - x_A)^2 + (y_P - y_A)^2$

$= (0+3)^2 + (2-1)^2$

$= 9+1$

$$\begin{aligned}&= 10.\\ BP^2 &= (x_P - x_B)^2 + (y_P - y_B)^2\\ &= (0+1)^2 + (2-5)^2\\ &= 1+9\\ &= 10.\\ AB^2 &= (x_B - x_A)^2 + (y_B - y_A)^2\\ &= (-1+3)^2 + (5-1)^2\\ &= 4+16\\ &= 20.\end{aligned}$$

On constate que $AP^2 + BP^2 = AB^2$, donc, d'après la réciproque du théorème de Pythagore, le triangle ABP est rectangle en P, et donc $(AP) \perp (AC)$. En résumé :

$$\boxed{\left.\begin{array}{l}(AP) \perp (AC)\\ P \in (AC)\end{array}\right\} \text{ donc } P \text{ est le pied de la hauteur issue de } B}$$

4. On sait déjà que le triangle ABP est rectangle en P (voir ci-dessus) ; d'autre part, les calculs de la question précédente montrent aussi que $AP = BP$. Donc :

$$\boxed{ABP \text{ est isocèle rectangle en } P}$$

Devoir 6

✍ Exercice 1

1.

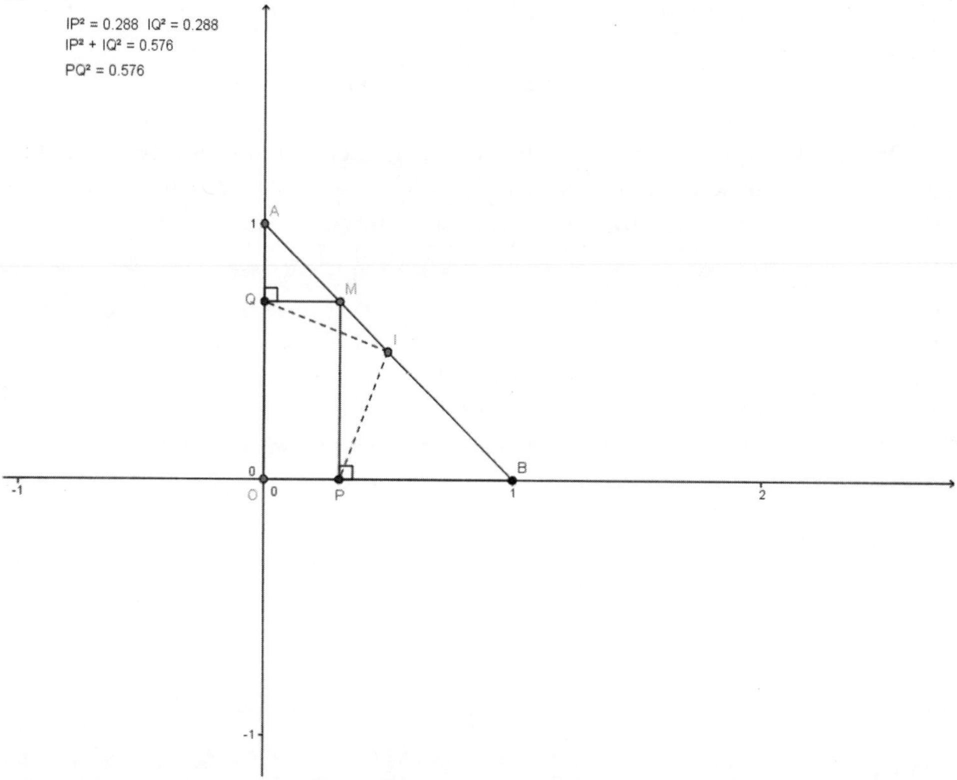

Attention qu'un tel logiciel n'affiche que des valeurs approchées des longueurs demandées. A ceci près, il semble que les longueurs IP et IQ soient égales, et que, de plus, on ait $PQ^2 = IP^2 + IQ^2$ et cela quelle que soit la position de M sur le segment $[AB]$. Donc, pour tout point M sur $[AB]$:

le triangle IPQ semble isocèle rectangle en I

$M \in [AB]$, donc les vecteurs $\overrightarrow{BM}$ et $\overrightarrow{BA}$ sont colinéaires et donc $\det\left(\overrightarrow{BM};\overrightarrow{BA}\right)=0$. Calculons les coordonnées de ces deux vecteurs : $\overrightarrow{BM}(x-1\ ;\ y)$ et $\overrightarrow{BA}(-1\ ;\ 1)$. L'égalité $\det\left(\overrightarrow{BM};\overrightarrow{BA}\right)=0$ s'écrit alors : $(x-1)\times 1-(-1)\times y=0$ soit, en simplifiant : $x-1+y=0$ et donc :

$$\boxed{y=1-x}$$

En d'autres termes, le point M a pour coordonnées $(x\ ;\ 1-x)$.

2. P est le projeté orthogonal de M sur l'axe des abscisses, donc P a la même abscisse que M et une ordonnée nulle :

$$\boxed{P(x\ ;\ 0)}$$

De même, Q a une abscisse nulle et une ordonnée égale à celle de M :

$$\boxed{Q(0\ ;\ 1-x)}$$

3. Application de la formule du cours : $I\left(\dfrac{x_A+x_B}{2}\ ;\ \dfrac{y_A+y_B}{2}\right)$, soit :

$$\boxed{I\left(\frac{1}{2}\ ;\ \frac{1}{2}\right)}$$

On va simplement calculer IP^2, IQ^2 et PQ^2 pour montrer que le triangle IPQ est isocèle, et pour appliquer la réciproque du théorème de Pythagore pour prouver qu'il est rectangle.

$$\begin{aligned}
IP^2 &= (x_P-x_I)^2+(y_P-y_I)^2\\
&- \left(x-\frac{1}{2}\right)^2+\left(0-\frac{1}{2}\right)^2\\
&= x^2-x+\frac{1}{4}+\frac{1}{4}\\
&= x^2-x+\frac{1}{2}.
\end{aligned}$$

$$\begin{aligned}
IQ^2 &= (x_Q-x_I)^2+(y_Q-y_I)^2\\
&= \left(0-\frac{1}{2}\right)^2+\left(1-x-\frac{1}{2}\right)^2\\
&= \frac{1}{4}+\left(\frac{1}{2}-x\right)^2\\
&= \frac{1}{4}+\frac{1}{4}-x+x^2\\
&= x^2-x+\frac{1}{2}.
\end{aligned}$$

On peut déjà remarquer que $IP^2 = IQ^2$, donc que $IP = IQ$ et donc :

$$\boxed{IPQ \text{ est isocèle en } I}$$

$$\begin{aligned}PQ^2 &= \left(x_Q - x_P\right)^2 + \left(y_Q - y_P\right)^2\\ &= \left(0 - x\right)^2 + \left(1 - x - 0\right)^2\\ &= \left(-x\right)^2 + \left(1 - x\right)^2\\ &= x^2 + 1 - 2x + x^2\\ &= 1 - 2x + 2x^2.\end{aligned}$$

Or $IP^2 + IQ^2 = x^2 - x + \frac{1}{2} + x^2 - x + \frac{1}{2}$, donc $IP^2 + IQ^2 = 2x^2 - 2x + 1$. On constate que $IP^2 + IQ^2 = PQ^2$; la réciproque du théorème de Pythagore permet alors d'affirmer que :

$$\boxed{IPQ \text{ est rectangle en } I}$$

✍ Exercice 2

1. Pour tester l'alignement des points *M*, *A* et *B*, on utilise le déterminant, par exemple des vecteurs $\overrightarrow{AM}$ et $\overrightarrow{AB}$. L'algorithme consiste donc à calculer ce déterminant, et à regarder s'il vaut 0 ou non. On a $\overrightarrow{AM}\begin{vmatrix} x+2 \\ -1 \end{vmatrix}$ et $\overrightarrow{AB}\begin{vmatrix} 4 \\ 5 \end{vmatrix}$.

Saisir x
D prend la valeur $(x+2)\times 5 - (-1)\times 4$
Si $D = 0$ alors
 Afficher ("les points sont alignés")
Sinon
 Afficher ("les points ne sont pas alignés")

Pour savoir si *AMB* est rectangle en *B*, on utilise le théorème de Pythagore : *AMB* est rectangle en $B \Leftrightarrow BA^2 + BM^2 = AM^2$. L'algorithme consiste donc à calculer $BA^2 + BM^2$ et AM^2, et à regarder si ces deux valeurs sont égales.

Saisir x
X prend la valeur $BA^2 + BM^2$
Y prend la valeur AM^2
Si $X = Y$ alors
 Afficher ("le triangle est rectangle en *B*")
Sinon
 Afficher ("le triangle n'est pas rectangle en *B*")

De même pour savoir s'il est rectangle en M : AMB est rectangle en $M \Leftrightarrow AM^2 + BM^2 = AB^2$.

Saisir x
X prend la valeur $AM^2 + BM^2$
Y prend la valeur AB^2
Si $X = Y$ alors
    Afficher ("le triangle est rectangle en M")
  Sinon
    Afficher ("le triangle n'est pas rectangle en M ")

Evidemment, sauf à avoir beaucoup de chance, il est peu probable qu'on trouve ainsi les valeurs de x dans l'un ou l'autre cas. Quand bien même on en trouverait une, rien ne prouverait qu'il n'y en aurait pas d'autre. Une recherche mathématique est donc nécessaire.

2. Dans chacune des trois questions, il s'agit pour commencer de traduire l'énoncé par une équation portant sur x. Il n'y aura alors plus qu'à résoudre cette équation pour résoudre le problème posé.

Dire que les points A, M et B sont alignés revient à dire que les vecteurs $\overrightarrow{AM}$ et $\overrightarrow{AB}$ sont colinéaires. Or $\overrightarrow{AM}\begin{vmatrix}x+2\\0-1\end{vmatrix}$ et $\overrightarrow{AB}\begin{vmatrix}2+2\\6-1\end{vmatrix}$, donc $\overrightarrow{AM}\begin{vmatrix}x+2\\-1\end{vmatrix}$ et $\overrightarrow{AB}\begin{vmatrix}4\\5\end{vmatrix}$. On en déduit que :

$$\begin{aligned}\overrightarrow{AM} \text{ et } \overrightarrow{AB} \text{ sont colinéaires} &\Leftrightarrow \det\left(\overrightarrow{AM};\overrightarrow{AB}\right)=0\\ &\Leftrightarrow (x+2)\times 5-(-1)\times 4=0\\ &\Leftrightarrow 5x+10+4=0\\ &\Leftrightarrow 5x=-14\\ &\Leftrightarrow x=-\frac{14}{5}. \text{ Ainsi :}\end{aligned}$$

$$\boxed{A, M \text{ et } B \text{ sont alignés si, et seulement si } x=-\frac{14}{5}}$$

3. AMB est rectangle en $B \Leftrightarrow BA^2 + BM^2 = AM^2$.
Calculons chacun de ces termes :

$$\begin{aligned}BA^2 &= (x_A - x_B)^2 + (y_A - y_B)^2\\ &= (-2-2)^2 + (1-6)^2\\ &= 16+25\\ &= 41.\end{aligned}$$

$$\begin{aligned}BM^2 &= (x_M - x_B)^2 + (y_M - y_B)^2\\ &= (x-2)^2 + (0-6)^2\\ &= x^2 - 4x + 4 + 36\end{aligned}$$

$$= x^2 - 4x + 40.$$

$$AM^2 = (x_M - x_A)^2 + (y_M - y_A)^2$$
$$= (x+2)^2 + (0-1)^2$$
$$= x^2 + 4x + 4 + 1$$
$$= x^2 + 4x + 5.$$

Il vient alors :

AMB est rectangle en $B \Leftrightarrow 41 + x^2 - 4x + 40 = x^2 + 4x + 5$

$$\Leftrightarrow 41 + x^2 - 4x + 40 - x^2 - 4x - 5 = 0$$
$$\Leftrightarrow 76 - 8x = 0$$
$$\Leftrightarrow 76 = 8x$$
$$\Leftrightarrow x = \frac{76}{8} = \frac{19}{2}.$$

$$\boxed{AMB \text{ est rectangle en } B \Leftrightarrow x = \frac{19}{2}}$$

4. *AMB* est rectangle en $M \Leftrightarrow AM^2 + BM^2 = AB^2$.

On peut remplacer directement par les expressions trouvées à la question précédente :

AMB est rectangle en $M \Leftrightarrow x^2 + 4x + 5 + x^2 - 4x + 40 = 41$

$$\Leftrightarrow 2x^2 = -4$$
$$\Leftrightarrow x^2 = -2.$$

Cette équation n'ayant clairement pas de solution :

$$\boxed{\text{le triangle } AMB \text{ n' est jamais rectangle en } M}$$

Devoir 7

✍ Exercice 1

1.

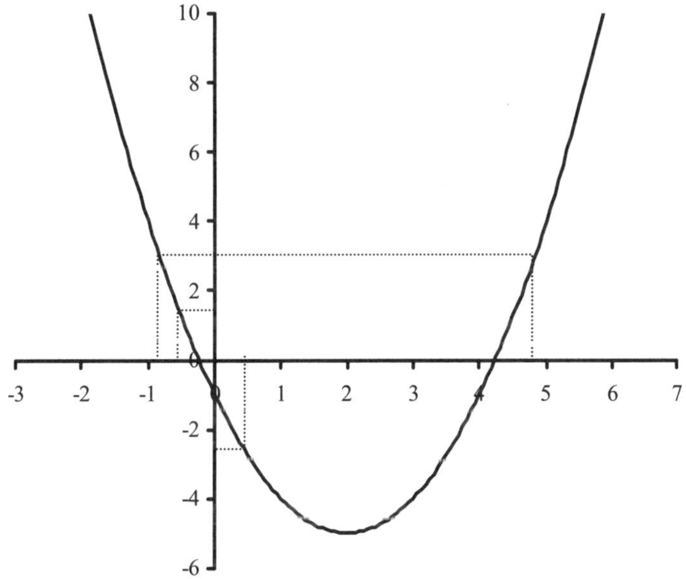

2. Pour déterminer graphiquement l'image par f de $-\frac{1}{2}$, on doit déterminer l'ordonnée du point de la courbe dont l'abscisse est $-\frac{1}{2}$ (voir figure ci-dessus). On lit :

$$\boxed{f\left(-\frac{1}{2}\right) \simeq 1,3}$$

De la même façon :

$$\boxed{f\left(\frac{1}{2}\right) \simeq -2,7}$$

Les calculs devraient confirmer ces valeurs approchées :

$$f\left(-\frac{1}{2}\right)=\left(-\frac{1}{2}\right)^2-4\times\left(-\frac{1}{2}\right)-1$$
$$=\frac{1}{4}+2-1$$

$$\boxed{f\left(-\frac{1}{2}\right)=\frac{5}{4}}$$

Avec $\frac{5}{4}=1,25$, ceci confirme la lecture effectuée ci-dessus.

$$f\left(\frac{1}{2}\right)=\left(\frac{1}{2}\right)^2-4\times\frac{1}{2}-1$$
$$=\frac{1}{4}-2-1$$

$$\boxed{f\left(\frac{1}{2}\right)=-\frac{11}{4}}$$

Ici aussi, sachant que $-\frac{11}{4}=-2,75$, le calcul confirme la lecture graphique.

3. a) On a : $(x-2)^2-5=x^2-4x+4-5$
$$=x^2-4x-1.$$

Par suite :

$$\boxed{f(x)=(x-2)^2-5} \text{ pour tout } x.$$

b) Graphiquement, les antécédents par *f* de 3 sont les abscisses des points de (C) dont l'ordonnée est 3 (voir figure). On lit que :

$$\boxed{\text{les antécédents par } f \text{ de 3 sont environ } -0,8 \text{ et } 4,8}$$

Par le calcul, il s'agit de résoudre l'équation $f(x)=3$. On dispose, pour cela, de deux écritures de $f(x)$: celle de l'énoncé et celle démontrée au a) ci-dessus. C'est bien sûr cette dernière la plus appropriée.

$$f(x)=3 \Leftrightarrow (x-2)^2-5=3$$
$$\Leftrightarrow (x-2)^2=8$$
$$\Leftrightarrow x-2=\sqrt{8} \text{ ou } x-2=-\sqrt{8}$$
$$\Leftrightarrow x=2+\sqrt{8} \text{ ou } x=2-\sqrt{8}$$

$$\boxed{\text{les antécédents par } f \text{ de 3 sont } 2+\sqrt{8} \text{ et } 2-\sqrt{8}}$$

Sachant que $\sqrt{8}\simeq 2,82$, on a $2+\sqrt{8}\simeq 4,82$ et $2-\sqrt{8}\simeq -0,82$. Là aussi, la lecture graphique est confirmée.

4. a) Graphiquement, le minimum de f sur $\mathbb{R}$ correspond au point le plus bas sur (C). Ce point semble avoir une abscisse égale à 2 et une ordonnée égale à -5, donc :

f semble atteindre son minimum en 2, et ce minimum être égal à -5

b) Pour démontrer ce résultat par le calcul, il s'agit de démontrer que, pour tout x, $f(x) \geq f(2)$ et que $f(2) = -5$.

D'une part, on a bien $f(2) = 2^2 - 4 \times 2 - 1 = -5$. Pour démontrer l'inégalité $f(x) \geq f(2)$, on calcule la différence et on étudie le signe du résultat :

$$\begin{aligned} f(x) - f(2) &= x^2 - 4x - 1 - (-5) \\ &= x^2 - 4x + 4 \\ &= (x-2)^2. \end{aligned}$$

Or, $(x-2)^2 \geq 0$ pour tout x, donc $f(x) \geq f(2)$. Par conséquent :

f admet sur $\mathbb{R}$ un minimum en 2, et ce minimum vaut -5

5. a) On calcule ces deux images ; on va utiliser la deuxième écriture de $f(x)$, mais la première est aussi envisageable ; les calculs sont juste un peu plus longs.

D'une part, $f(2+a) = (2+a-2)^2 - 5$

$$= a^2 - 5.$$

D'autre part, $f(2-a) = (2-a-2)^2 - 5$

$$\begin{aligned} &= (-a)^2 - 5 \\ &= a^2 - 5. \end{aligned}$$

Par suite, $f(2+a) = f(2-a)$ et donc :

$2+a$ et $2-a$ ont même image par f

b) L'égalité $f(2+a) = f(2-a)$ se traduit graphiquement par une égalité d'ordonnées : les points dont les abscisses sont $2+a$ et $2-a$ ont la même ordonnée. Or les nombres $2+a$ et $2-a$ sont symétriques par rapport à 2 ; la situation est donc la suivante :

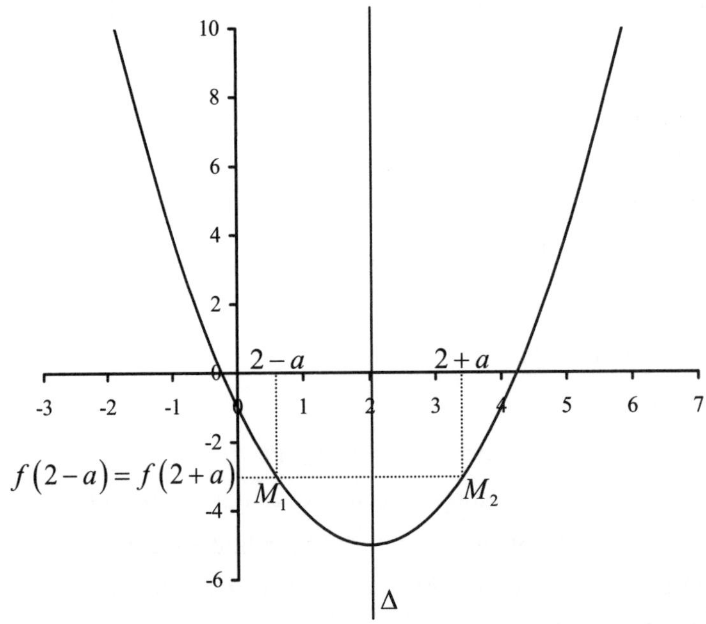

Les points M_1 et M_2, dont les abscisses sont symétriques par rapport à 2, ont des ordonnées égales. Ils sont donc symétriques par rapport à la droite Δ, parallèle à l'axe des ordonnées et passant par le point de coordonnées $(2\ ;\ 0)$ (autrement dit, Δ est la droite d'équation $x = 2$). Ce raisonnement étant valable pour tout a réel, on en déduit que :

la courbe (C) est symétrique par rapport à Δ

✍ Exercice 2

1. $f(x)$ n'existe que si $4 - x^2 \geq 0$. Il faut donc résoudre cette inéquation, qui n'est pas du premier degré.

$4 - x^2 \geq 0 \Leftrightarrow (2 - x)(2 + x) \geq 0$.

On peut alors dresser un tableau de signes :

x	$-\infty$		-2		2		$+\infty$
$2 - x$		$+$	0	$-$		$-$	
$2 + x$		$-$		$-$	0	$+$	
$(2 - x)(2 + x)$		$-$	0	$+$	0	$-$	

Donc $(2-x)(2+x)\geq 0 \Leftrightarrow x\in[-2\ ;\ 2]$. Par suite :

$$\boxed{f \text{ est définie sur } [-2\ ;\ 2]}$$

2. Pour prouver que (C) est un demi-cercle de centre O, on va commencer par prouver que tout point de (C) est à une distance fixe de O. Ceci prouvera que (C) est une partie de cercle de centre O ; il restera à déterminer quelle partie.

Soit donc M un point quelconque de (C). Notons x son abscisse, avec $x\in[-2\ ;\ 2]$ d'après la question précédente. Comme (C) est la courbe représentative de f, l'ordonnée de M est $f(x)$. On peut alors calculer la longueur OM :

$$\begin{aligned} OM^2 &= (x_M - x_O)^2 + (y_M - y_O)^2 \\ &= (x-0)^2 + [f(x)-0]^2 \\ &= x^2 + f(x)^2 \\ &= x^2 + \sqrt{4-x^2}^2 \\ &= x^2 + 4 - x^2 \\ &= 4. \end{aligned}$$

Par suite, $OM = 2$ et donc M appartient au cercle de centre O et de rayon 2.

Ceci prouve que, *si* M est sur (C), *alors* M appartient au cercle de centre O et de rayon 2 ; il reste en fait à étudier la réciproque de cette proposition.

On remarque que l'ordonnée de M vaut $\sqrt{4-x^2}$, donc est positive (toute racine, quand elle est définie, est positive par définition). Le point M n'est donc pas n'importe où sur le cercle de centre O et de rayon 2, mais seulement sur le demi-cercle correspondant à des ordonnées positives :

$$\boxed{(C) \text{ est le demi-cercle (supérieur) de centre } O \text{ de rayon } 2}$$

Devoir 8

✍ Exercice 1

1. Cette première question est sans difficulté particulière. Le dénominateur de $f(x)$ doit être non nul, donc on doit avoir $x \neq 1$. Ainsi :

$$\boxed{f \text{ est définie sur } \mathbb{R} \setminus \{1\}}$$

Les antécédents de 3 par f sont les solutions, si elles existent, de l'équation $f(x)=3$. Résolvons cette équation :

$$\begin{aligned} f(x)=3 &\Leftrightarrow \frac{2x}{x-1}=3 \\ &\Leftrightarrow 2x=3x-3 \\ &\Leftrightarrow x=3. \end{aligned}$$

$$\boxed{\text{l' antécédent par } f \text{ de 3 est 3}}$$

De même :

$$\begin{aligned} f(x)=-2 &\Leftrightarrow \frac{2x}{x-1}=-2 \\ &\Leftrightarrow 2x=-2x+2 \\ &\Leftrightarrow 4x=2 \\ &\Leftrightarrow x=\frac{1}{2}. \end{aligned}$$

$$\boxed{\text{l' antécédent par } f \text{ de } -2 \text{ est } \frac{1}{2}}$$

$$\begin{aligned} f(x)=2 &\Leftrightarrow \frac{2x}{x-1}=2 \\ &\Leftrightarrow 2x=2x-2 \\ &\Leftrightarrow 0=-2. \end{aligned}$$

$$\boxed{2 \text{ n' a pas d' antécédent par } f}$$

2. Il s'agit simplement de faire la même chose que ci-dessus, dans le cas général :

$$\begin{aligned} f(x)=k &\Leftrightarrow \frac{2x}{x-1}=k \\ &\Leftrightarrow 2x=kx-k \\ &\Leftrightarrow 2x-kx=-k \end{aligned}$$

$$\Leftrightarrow (2-k)x=-k$$

Si $k=2$, cette équation s'écrit $0=-2$ et n'a donc pas de solution (on savait déjà que 2 n'avait pas d'antécédent par *f*) ; si $k \neq 2$, alors $2-k \neq 0$ et on peut diviser par $2-k$: $x=\frac{-k}{2-k}$ ce qu'on peut aussi écrire, en multipliant numérateur et dénominateur par -1 : $x=\frac{k}{k-2}$. Par conséquent :

tout réel *k*, sauf 2, possède un unique antécédent par *f*, à savoir $\frac{k}{k-2}$

3. a) *Première méthode* : on calcule.

$f(g(k))=\frac{2g(k)}{g(k)-1}$ (bien comprendre que $f(g(k))$ désigne l'image par *f* de $g(k)$ donc, dans l'expression de $f(x)$, on remplace *x* par $g(k)$)

$$f(g(k))=\frac{2\frac{k}{k-2}}{\frac{k}{k-2}-1}$$

$$=\frac{\frac{2k}{k-2}}{\frac{k-(k-2)}{k-2}}$$

$$=\frac{\frac{2k}{k-2}}{\frac{2}{k-2}}$$

$$=\frac{2k}{k-2}\times\frac{k-2}{2}$$

$$=\frac{2k(k-2)}{(k-2)\times 2}$$

Et, en simplifiant par 2 et par $k-2$:

$$\boxed{f(g(k))=k}$$

Deuxième méthode : on réfléchit.

On a démontré à la question précédente que tout $k \neq 2$ possédait par *f* un unique antécédent : $\frac{k}{k-2}$, c'est-à-dire $g(k)$. Donc $g(k)$ est l'unique antécédent par *f* de *k* ; en d'autres termes, *k* est l'image par *f* de $g(k)$, ce qui signifie précisément que :

$$\boxed{f(g(k))=k}$$

b) De la même façon, on dispose de deux méthodes pour démontrer cette égalité.
Par le calcul :

$$g(f(x)) = \frac{f(x)}{f(x)-2}$$

$$= \frac{\frac{2x}{x-1}}{\frac{2x}{x-1}-2}$$

$$= \frac{\frac{2x}{x-1}}{\frac{2x-2(x-1)}{x-1}}$$

$$= \frac{\frac{2x}{x-1}}{\frac{2}{x-1}}$$

$$= \frac{2x}{x-1} \times \frac{x-1}{2}$$

Et, après simplification par 2 et par $x-1$:

$$\boxed{g(f(x)) = x}$$

En réfléchissant :

On sait que $g(k)$ est l'unique antécédent par *f* de *k*, donc $g(f(x))$ est l'unique antécédent par *f* de $f(x)$; or, par définition, *x* est un antécédent par *f* de $f(x)$; donc *x* et $g(f(x))$ sont deux antécédents de $f(x)$ par *f* ; et comme on sait que cet antécédent est unique, ces deux antécédents sont nécessairement égaux :

$$\boxed{g(f(x)) = x}$$

Exercice 2

1. Sachant que, pour tout réel *x*, $x^2 \geq 0$, le dénominateur de $f(x)$ n'est jamais nul et par conséquent :

$$\boxed{f \text{ est définie sur } \mathbb{R}}$$

On va démontrer séparément chacune des deux inégalités constituant l'encadrement.

D'un côté, $x^2 \geq 0$ pour tout *x*, donc $1+x^2 > 0$. Donc $f(x)$ est le quotient de deux nombres positifs, donc est positif : $f(x) \geq 0$ pour tout *x* réel.

D'un autre côté, on peut démontrer que $f(x) \leq 1$ en calculant la différence et en étudiant le signe du résultat :

$$\begin{aligned} f(x)-1 &= \frac{x^2}{1+x^2}-1 \\ &= \frac{x^2-(1+x^2)}{1+x^2} \\ &= \frac{-1}{1+x^2}. \end{aligned}$$

$-1<0$ et $1+x^2>0$, donc $\frac{-1}{1+x^2}<0$ et par conséquent $f(x) \leq 1$. En résumé :

pour tout x, $\boxed{0 \leq f(x) \leq 1}$

2. On sait déjà que $f(x) \geq 0$ pour tout x réel. La question de savoir si 0 est un minimum ou non de f sur $\mathbb{R}$ est donc de savoir si 0 est l'image d'un certain réel a (ou non), auquel cas cette inégalité pourrait se mettre sous la forme $f(x) \geq f(a)$, et on se trouverait bien en présence d'un minimum. Graphiquement parlant, l'inégalité $f(x) \geq 0$ signifie que tous les points de la courbe représentative de f ont une ordonnée positive, et la question revient à savoir si cette courbe possède un point d'ordonnée nulle.

Il faut donc résoudre l'équation $f(x)=0$:

$$\begin{aligned} f(x)=0 &\Leftrightarrow \frac{x^2}{1+x^2}=0 \\ &\Leftrightarrow x^2=0(1+x^2) \\ &\Leftrightarrow x^2=0 \\ &\Leftrightarrow x=0. \end{aligned}$$

En d'autres termes, on a $f(0)=0$, donc l'inégalité $f(x) \geq 0$ peut s'écrire $f(x) \geq f(0)$ et par conséquent :

$\boxed{0 \text{ est un minimum de } f \text{ sur } \mathbb{R}}$

3. C'est le même problème en 1 : il s'agit de savoir si 1 possède un antécédent ou non.

il faut donc résoudre l'équation $f(x)=1$:

$$\begin{aligned} f(x)=1 &\Leftrightarrow \frac{x^2}{1+x^2}=1 \\ &\Leftrightarrow x^2=1+x^2 \\ &\Leftrightarrow 0=1. \end{aligned}$$

Cette équation n'a clairement pas de solution, et donc :

$\boxed{1 \text{ n'est pas un maximum de } f \text{ sur } \mathbb{R}}$

Devoir 9

Exercice 1

1. Calculons le périmètre du parallélépipède : il possède 8 arêtes chacune de longueur x (longueur : $8x$) et 4 arêtes chacune de longueur $1-2x$ (longueur : $4(1-2x)$). Le périmètre vaut donc : $8x+4(1-2x)=8x+4-8x=4$, donc :

$$\boxed{\text{avec une hauteur égale à } 1-2x\text{, le périmètre vaut bien } 4}$$

Les nombres désignant des longueurs doivent bien sûr être positifs ; on doit donc avoir, pour que tout ceci ait un sens, $x \geq 0$ et $1-2x \geq 0$, c'est-à-dire $x \leq \frac{1}{2}$. Par suite :

$$\boxed{x \in \left[0\ ;\ \frac{1}{2}\right]}$$

(ou éventuellement $x \in \left]0\ ;\ \frac{1}{2}\right[$ si on veut éviter d'avoir un parallélépipède aplati)

2. Dans le cas général, le volume d'un parallélépipède rectangle est donné par la formule $V = \text{longueur} \times \text{largeur} \times \text{hauteur}$; ici, on obtient :

$V(x)=x\times x\times(1-2x)=x^2(1-2x)$ et, en développant :

$$\boxed{V(x)=-2x^3+x^2}$$

3. A l'aide d'un logiciel de géométrie, on obtient la courbe suivante :

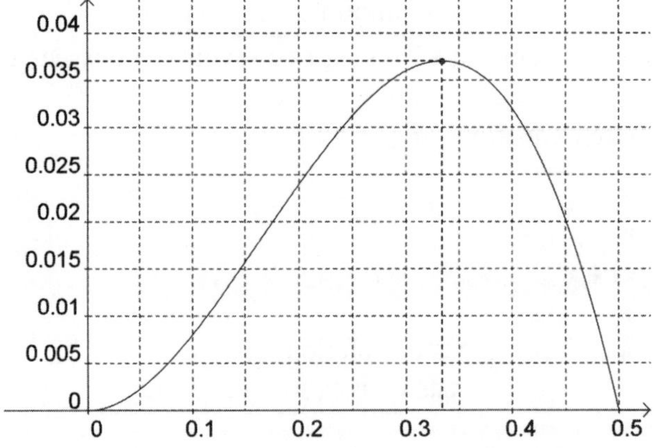

(attention de choisir des unités adaptées sur chacun des axes).
Il semble alors que

le maximum de V soit égal à environ $0{,}037$, lorsque $x \simeq 0{,}33$

4. Avec un logiciel de calcul formel, il n'y a plus grand-chose à faire ; les puristes ne s'en contenteront pas et feront le calcul, même si celui-ci prend quelques lignes :

On a déjà $V\left(\frac{1}{3}\right)=-2\left(\frac{1}{3}\right)^3+\left(\frac{1}{3}\right)^2=\frac{-2}{27}+\frac{1}{9}=\frac{1}{27}$. Calculons alors $V\left(\frac{1}{3}\right)-V(x)$:

$$V\left(\frac{1}{3}\right)-V(x)=\frac{1}{27}+2x^3-x^2$$

$$V\left(\frac{1}{3}\right)-V(x)=\frac{1+54x^3-27x^2}{27}.$$

Comme on ne sait pas factoriser le numérateur ci-dessus, calculons l'autre membre de l'égalité à démontrer :

$$\begin{aligned}\frac{(6x+1)(3x-1)^2}{27}&=\frac{(6x+1)(9x^2-6x+1)}{27}\\&=\frac{54x^3-36x^2+6x+9x^2-6x+1}{27}\\&=\frac{54x^3-27x^2+1}{27}.\end{aligned}$$

On retrouve la même expression, ce qui permet de conclure que, pour tout x :

$$V\left(\frac{1}{3}\right)-V(x)=\frac{(6x+1)(3x-1)^2}{27}$$

5. N'oublions pas que $x\in\left[0\ ;\ \frac{1}{2}\right]$; dans la fraction ci-dessus, on a alors

$6x+1>0$, $(3x-1)^2\geq 0$ et $27>0$; donc $\frac{(6x+1)(3x-1)^2}{27}\geq 0$ et donc $V\left(\frac{1}{3}\right)\geq V(x)$. Par suite :

V admet un maximum sur $\left[0\ ;\ \frac{1}{2}\right]$ en $x=\frac{1}{3}$, et ce maximum vaut $\frac{1}{27}$

Remarquons que dans ce cas les dimensions du parallélépipède sont $x=\frac{1}{3}$, $x=\frac{1}{3}$ et $1-2x=1-2\times\frac{1}{3}=\frac{1}{3}$: il s'agit alors d'un cube.

✍ Exercice 2

1.

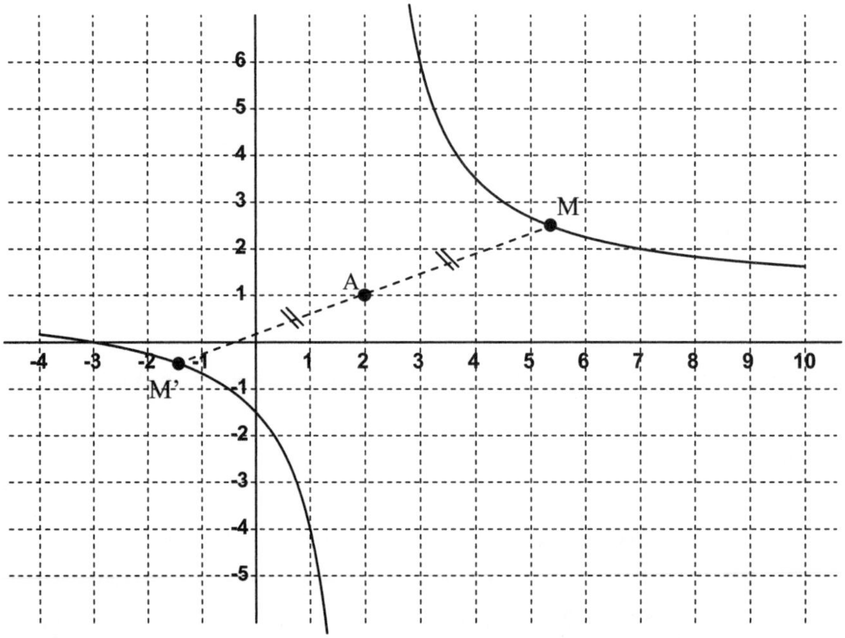

(Attention : il s'agit bien d'une seule courbe, même si celle-ci possède deux branches.)

Il semble bien que cette courbe soit symétrique par rapport au point A.

2. A est le milieu de $[MM']$, donc : $x_A = \dfrac{x_M + x_{M'}}{2}$ et $y_A = \dfrac{y_M + y_{M'}}{2}$, donc :

$2 = \dfrac{x + x'}{2}$ et $1 = \dfrac{f(x) + y'}{2}$. Il n'y a plus qu'à isoler x' et y' :

$4 = x + x'$ et $2 = f(x) + y'$ et donc :

$$\boxed{x' = 4 - x \text{ et } y' = 2 - f(x)}$$

3. Pour prouver qu'un point donné est sur la courbe d'une fonction donnée, il suffit de prouver que son ordonnée est égale à l'image de son abscisse, autrement dit que ses coordonnées vérifient l'équation de la courbe. Ici, il s'agit donc de prouver que $y' = f(x')$. Calculons donc y' et $f(x')$:

$$\begin{aligned} y' &= 2 - f(x) \\ &= 2 - \frac{x+3}{x-2} \\ &= \frac{2(x-2)-(x+3)}{x-2} \end{aligned}$$

$$= \frac{2x-4-x-3}{x-2}$$

$$y' = \frac{x-7}{x-2}.$$

D'autre part :

$$f(x') = \frac{x'+3}{x'-2}$$

$$= \frac{4-x+3}{4-x-2}$$

$= \dfrac{7-x}{2-x}$ et, en multipliant numérateur et dénominateur par -1 :

$$f(x') = \frac{x-7}{x-2}.$$

On a bien le même résultat, ce qui permet d'affirmer que $y' = f(x')$ et donc que :

$$\boxed{M' \in (C)}$$

Comme le raisonnement ci-dessus a été conduit pour un x quelconque, on en déduit que tout point de (C) a son symétrique par rapport à A qui se trouve aussi sur (C) ; en d'autre termes :

$$\boxed{(C) \text{ est symétrique par rapport à } A}$$

Devoir 10

✍ Exercice 1

La figure, sans difficulté, est laissée au soin du lecteur.

1. Les points A et B n'ont pas la même abscisse, donc la droite (AB) n'est pas verticale, et admet donc une équation réduite de la forme $y = mx + p$.

On sait que $m = \frac{y_B - y_A}{x_B - x_A}$, donc, ici :

$$m = \frac{\frac{1}{2} - 2}{-1-2} = \frac{-\frac{3}{2}}{-3} = -\frac{3}{2} \times \frac{-1}{3} = \frac{1}{2}.$$

D'autre part, pour déterminer la valeur de p, on utilise le point A ou le point B ; avec le point A (coordonnées plus simples) :

$y_A = mx_A + p$

$2 = \frac{1}{2} \times 2 + p$

$1 = p$. Donc :

$$\boxed{(AB) : y = \frac{1}{2}x + 1}$$

2. E appartient à (D), donc ses coordonnées vérifient l'équation de (D) : $y_E = -2x_E + 4$. De plus, E est sur l'axe des ordonnées, donc son abscisse est nulle : $x_E = 0$. Il vient alors : $y_E = -2 \times 0 + 4 = 4$. Par suite :

$$\boxed{E(0\ ;\ 4)}$$

3. Les coordonnées de I sont les solutions du système formé par les deux équations des deux droites :

$\begin{cases} y = \dfrac{1}{2}x + 1 \\ y = -2x + 4 \end{cases}$. Un tel système permet d'écrire directement une équation à une inconnue :

$$\begin{aligned} \frac{1}{2}x + 1 = -2x + 4 &\Leftrightarrow \frac{1}{2}x + 2x = 4 - 1 \\ &\Leftrightarrow \frac{5}{2}x = 3 \\ &\Leftrightarrow x = \frac{6}{5}. \end{aligned}$$

Pour obtenir y, on remplace dans l'une ou l'autre équation :

$y = -2x + 4$

$y = -2 \times \dfrac{6}{5} + 4$

$y = \dfrac{-12}{5} + 4$

$y = \dfrac{8}{5}$. Ainsi :

$$\boxed{I\left(\frac{6}{5} \,;\, \frac{8}{5}\right)}$$

4. Comme on ne connaît pas de formule permettant de savoir si deux droites sont perpendiculaires ou non (voir le devoir suivant pour cela), il faut contourner le problème. On va donc démontrer que le triangle *AIE* est rectangle en *I* (on aurait bien sûr pu s'intéresser au triangle *BIE*), évidemment en utilisant la réciproque du théorème de Pythagore.

$$\begin{aligned} AI^2 &= (x_I - x_A)^2 + (y_I - y_A)^2 \\ &= \left(\frac{6}{5} - 2\right)^2 + \left(\frac{8}{5} - 2\right)^2 \\ &= \left(\frac{-4}{5}\right)^2 + \left(\frac{-2}{5}\right)^2 \\ &= \frac{20}{25} \\ AI^2 &= \frac{4}{5}. \end{aligned}$$

$$\begin{aligned} AE^2 &= (x_E - x_A)^2 + (y_E - y_A)^2 \\ &= (0 - 2)^2 + (4 - 2)^2 \\ &= 4 + 4 \\ AE^2 &= 8. \end{aligned}$$

$$IE^2 = (x_E - x_I)^2 + (y_E - y_I)^2$$
$$= \left(0 - \frac{6}{5}\right)^2 + \left(4 - \frac{8}{5}\right)^2$$
$$= \frac{36}{25} + \frac{144}{25}$$
$$= \frac{180}{25}$$
$$IE^2 = \frac{36}{5}.$$

D'une part, $IE^2 + IA^2 = \frac{36}{5} + \frac{4}{5} = 8$; d'autre part, $AE^2 = 8$, donc :

$$IE^2 + IA^2 = AE^2$$

La réciproque du théorème de Pythagore permet de conclure que le triangle AIE est rectangle en I et donc que :

$$\boxed{(AB) \perp (D)}$$

5. Deux méthodes sont ici possibles, puisqu'on peut caractériser une médiatrice de deux façons différentes.

1ère méthode.

La médiatrice (Δ) de $[AB]$ est perpendiculaire à $[AB]$ et passe par le milieu de $[AB]$.

(Δ) n'étant clairement pas verticale, elle possède une équation réduite de la forme $y = mx + p$.

Or on a démontré à la question précédente que (D) était perpendiculaire à (AB), donc les droites (Δ) et (D) sont parallèles ; elles ont donc le même coefficient directeur : $m = -2$.

D'autre part, le milieu de $[AB]$ a pour coordonnées $\left(\frac{x_A + x_B}{2} \; ; \; \frac{y_A + y_B}{2}\right)$, c'est-à-dire $\left(\frac{2-1}{2} \; ; \; \frac{2+\frac{1}{2}}{2}\right)$, et on trouve $\left(\frac{1}{2} \; ; \; \frac{5}{4}\right)$. Ce point appartient à (Δ), donc ses coordonnées vérifient l'équation de (Δ) :

$\frac{5}{4} = -2 \times \frac{1}{2} + p$ et donc $p = \frac{5}{4} + 1 = \frac{9}{4}$. Par suite :

$$\boxed{(\Delta) : y = -2x + \frac{9}{4}}$$

2ème méthode.

La médiatrice (Δ) de $[AB]$ est l'ensemble des points situés à égale distance de A et de B. En d'autres termes : $M(x\ ;\ y) \in (\Delta) \Leftrightarrow MA = MB$.

On va exprimer chacune des longueurs ci-dessus en fonction de x et de y ; l'égalité alors obtenue constituera une équation de (Δ).

$$MA^2 = (x_A - x_M)^2 + (y_A - y_M)^2$$

$$MA^2 = (2-x)^2 + (2-y)^2.$$

Inutile, pour l'instant, de chercher à écrire ceci autrement.

$$MB^2 = (x_B - x_M)^2 + (y_B - y_M)^2$$

$$MB^2 = (-1-x)^2 + \left(\frac{1}{2} - y\right)^2.$$

Ainsi :

$$\begin{aligned} M(x\ ;\ y) \in (\Delta) &\Leftrightarrow MA = MB \\ &\Leftrightarrow MA^2 = MB^2 \\ &\Leftrightarrow (2-x)^2 + (2-y)^2 = (-1-x)^2 + \left(\frac{1}{2} - y\right)^2. \end{aligned}$$

Comme cette équation ne ressemble que très peu à une équation de droite, on va tout développer, en espérant des simplifications :

$$\begin{aligned} M(x\ ;\ y) \in (\Delta) &\Leftrightarrow 4 - 4x + x^2 + 4 - 4y + y^2 = 1 + 2x + x^2 + \frac{1}{4} - y + y^2 \\ &\Leftrightarrow 4 - 4x + x^2 + 4 - 4y + y^2 - 1 - 2x - x^2 - \frac{1}{4} + y - y^2 = 0 \\ &\Leftrightarrow -6x - 3y + \frac{27}{4} = 0. \end{aligned}$$

Cette équation constitue une équation cartésienne de la droite (Δ). On pourrait donc considérer la question comme réglée ; on va quand même déterminer une équation réduite de (Δ) à partir de cette équation cartésienne, au moins pour vérifier qu'on trouve bien la même équation qu'avec la première méthode :

$$\begin{aligned} -6x - 3y + \frac{27}{4} = 0 &\Leftrightarrow 3y = -6x + \frac{27}{4} \\ &\Leftrightarrow 3y = -\frac{6}{3}x + \frac{27}{4 \times 3} \text{ et donc :} \end{aligned}$$

$$\boxed{(\Delta) : y = -2x + \frac{9}{4}}$$

Exercice 2

1.

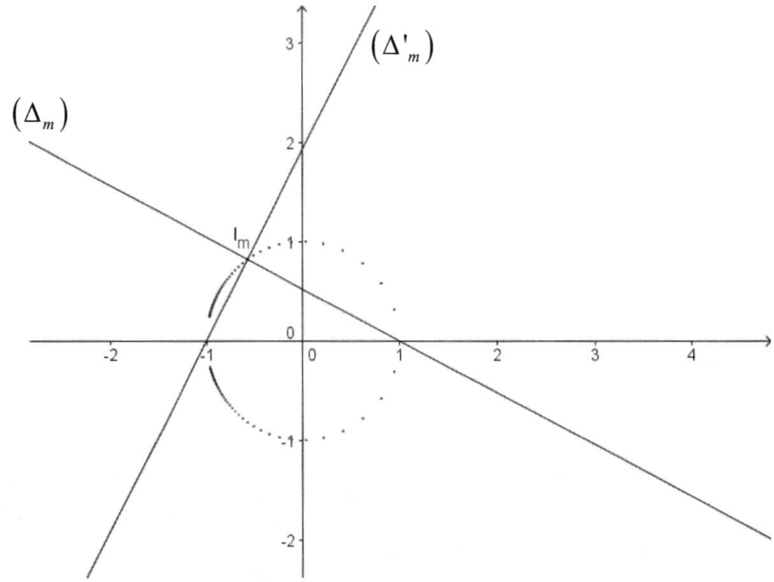

2. Dire que les droites (Δ_m) et (Δ'_m) possèdent un unique point d'intersection revient à dire que le système $\begin{cases} x+my-1=0 \\ mx-y+m=0 \end{cases}$ possède une unique solution (solution qui est alors le couple de coordonnées du point d'intersection des deux droites).

Le déterminant de ce système vaut $1\times(-1)-m\times m=-1-m^2$, ce qui, clairement, n'est jamais nul. Les droites (Δ_m) et (Δ'_m) possèdent donc un unique point d'intersection (quelle que soit la valeur de *m*).

Pour déterminer les coordonnées de ce point d'intersection, on résout le système $\begin{cases} x+my-1=0 \\ mx-y+m=0 \end{cases}$. Ici, la méthode par substitution est assez rapide : à partir de la deuxième équation, on peut exprimer *y* en fonction de *x* : $y=mx+m$ puis, en remplaçant dans la première équation :

$$x+m(mx+m)-1=0 \Leftrightarrow x+m^2x+m^2-1=0$$
$$\Leftrightarrow x(1+m^2)=1-m^2$$
$$\Leftrightarrow x=\frac{1-m^2}{1+m^2} \text{ (car } 1+m^2\neq 0 \text{ pour tout } m\text{).}$$

On remplace pour obtenir la valeur de *y* :

$$y=mx+m \Leftrightarrow y=m\frac{1-m^2}{1+m^2}+m$$

$$\Leftrightarrow\ y=\frac{m-m^3}{1+m^2}+\frac{m\left(1+m^2\right)}{1+m^2}$$

$$\Leftrightarrow\ y=\frac{m-m^3+m+m^3}{1+m^2}$$

$$\Leftrightarrow\ y=\frac{2m}{1+m^2}.$$ Par suite :

$$\boxed{I_m\left(\frac{1-m^2}{1+m^2}\ ;\ \frac{2m}{1+m^2}\right)}$$

3. Prouver que I_m appartient au cercle (C) de centre O et de rayon 1 revient à prouver que $OI_m=1$ ou, plus simplement, que $OI_m{}^2=1$. Calculons donc $OI_m{}^2$:

$$\begin{aligned}OI_m{}^2&=\left(\frac{1-m^2}{1+m^2}\right)^2+\left(\frac{2m}{1+m^2}\right)^2\\&=\frac{\left(1-m^2\right)^2+(2m)^2}{\left(1+m^2\right)^2}\\&=\frac{1-2m^2+m^4+4m^2}{\left(1+m^2\right)^2}\\&=\frac{1+2m^2+m^4}{\left(1+m^2\right)^2}\\&=\frac{\left(1+m^2\right)^2}{\left(1+m^2\right)^2}\end{aligned}$$

$OI_m{}^2=1$. Par conséquent :

$$\boxed{I_m\in(C)}$$

Devoir 11

✍ Exercice 1

1. Le point A a une abscisse nulle, donc son ordonnée est l'ordonnée à l'origine de la droite (D) :

$$\boxed{A(0\ ;\ p)}$$

(D_1) est parallèle à (D'), donc a le même coefficient directeur m', et a pour ordonnée à l'origine celle de la droite (D), p (puisqu'elle passe par A), donc :

$$\boxed{(D_1) : y = m'x + p}$$

2. $B \in (D)$, donc ses coordonnées vérifient l'équation de (D) : $y_B = mx_B + p$ et, avec $x_B = 1$, il vient :

$$\boxed{B(1\ ;\ m+p)}$$

De la même façon, $y_C = m'x_C + p$ et il vient :

$$\boxed{C(1\ ;\ m'+p)}$$

3. $(D)\perp(D') \Leftrightarrow (D)\perp(D_1)$ (car $(D')//(D_1)$)

$$\Leftrightarrow (AB)\perp(AC)$$

$$\boxed{(D)\perp(D') \Leftrightarrow ABC \text{ est rectangle en } A}$$

4. Il n'y a plus qu'à traduire le fait que le triangle ABC soit rectangle en A à l'aide du théorème de Pythagore. Commençons par calculer AB^2, AC^2 et BC^2 :

$$\begin{aligned} AB^2 &= (x_B - x_A)^2 + (y_B - y_A)^2 \\ &= (1-0)^2 + (m+p-p)^2 \\ &= 1 + m^2. \end{aligned}$$

$$\begin{aligned} AC^2 &= (x_C - x_A)^2 + (y_C - y_A)^2 \\ &= (1-0)^2 + (m'+p-p)^2 \\ &= 1 + m'^2. \end{aligned}$$

$$BC^2 = (x_C - x_B)^2 + (y_C - y_B)^2$$

$$=(1-1)^2+(m'+p-m-p)^2$$
$$=(m'-m)^2.$$

Par suite :

$(D)\perp(D') \Leftrightarrow AB^2+AC^2=BC^2$

$\Leftrightarrow 1+m^2+1+m'^2=(m-m')^2.$

Vu le résultat demandé, il nous faut simplifier cette égalité. On développe le carré :

$(D)\perp(D') \Leftrightarrow 2+m^2+m'^2=m^2-2mm'+m'^2.$

Les termes en m^2 et en m'^2 se simplifient ; il reste :

$(D)\perp(D') \Leftrightarrow 2=-2mm'$ et finalement :

$$\boxed{(D)\perp(D')\Leftrightarrow mm'=-1}$$

5. Pour savoir si les droites (D) et (AB) sont perpendiculaires ou non, on utilise le résultat démontré ci-dessus ; il faut donc calculer le produit des coefficients directeurs de ces deux droites et regarder si celui-ci vaut -1 ou non.

On connaît déjà le coefficient directeur de la droite (D), -2 ; calculons celui de la droite (AB) :

$$m_{(AB)}=\frac{y_B-y_A}{x_B-x_A}=\frac{2-1}{1+2}=\frac{1}{3}.$$

Par suite, $m_{(AB)}\times(-2)=\frac{1}{3}\times(-2)=-\frac{2}{3}\neq-1$ et donc :

$$\boxed{(D)\text{ et }(AB)\text{ ne sont pas perpendiculaires}}$$

La droite (AB) n'est pas horizontale, donc la droite (Δ) n'est pas verticale, et possède donc une équation réduite de la forme $y=mx+p$.

D'une part, $(\Delta)\perp(AB)$, donc $m\times\frac{1}{3}=-1$ et donc $m=-3.$

D'autre part, (Δ) passe par le point A, donc $y_A=mx_A+p.$ On remplace :

$1=-3\times(-2)+p$

$1=6+p$

$p=-5.$

Par conséquent :

$$\boxed{(\Delta):y=-3x-5}$$

Devoir 12

✍ Exercice 1

1. Dans le cas général, la parabole d'équation $y = ax^2 + bx + c$ a un sommet dont l'abscisse vaut $\frac{-b}{2a}$. Ici, S a pour abscisse $\frac{-(-4)}{2\times 1} = 2$. L'ordonnée de S vaut alors $f(2)$:
$f(2) = 2^2 - 4\times 2 + 5 = 1$. Par suite :

$$\boxed{S(2\ ;\ 1)}$$

2. M est d'abscisse 4 et se trouve sur (P), courbe représentative de f, donc son ordonnée vaut $f(4)$. Or $f(4) = 4^2 - 4\times 4 + 5 = 5$, donc :

$$\boxed{M(4\ ;\ 5)}$$

Notons $(x'\ ;\ y')$ les coordonnées de M'. On a $\overrightarrow{MM'} = \overrightarrow{SO}$, donc : $\begin{cases} x_{M'} - x_M = x_O - x_S \\ y_{M'} - y_M = y_O - y_S \end{cases}$; en remplaçant : $\begin{cases} x' - 4 = -2 \\ y' - 5 = -1 \end{cases}$, et il vient :

$$\boxed{M'(2\ ;\ 4)}$$

Prouver que M' appartient à la courbe (P') revient à prouver que ses coordonnées vérifient l'équation de (P'), donc que $y' = x'^2$. Or $x'^2 = 2^2 = 4 = y'$, donc :

$$\boxed{M' \in (P')}$$

3. Le cas général se traite de la même façon que le cas particulier ci-dessus.
L'abscisse de M est x, donc son ordonnée est $f(x)$:

$$\boxed{M(x\ ;f(x))}$$

En notant toujours $(x'\ ;\ y')$ les coordonnées de M', on a : $\begin{cases} x' - x_M = -2 \\ y' - y_M = -1 \end{cases}$ et, en remplaçant : $\begin{cases} x' - x = -2 \\ y' - f(x) = -1 \end{cases}$, et il vient :

$$\boxed{M'\left(x-2\ ;f\left(x\right)-1\right)}$$

Prouvons que $y'=x'^2$:

$$\begin{aligned} y' &= f\left(x\right)-1 \\ &= x^2-4x+5-1 \\ &= x^2-4x+4 \\ &= \left(x-2\right)^2 \\ &= x'^2. \end{aligned}$$

Les coordonnées de M' vérifient bien l'équation de $\left(P'\right)$, et donc :

$$\boxed{M'\in\left(P'\right)}$$

4. L'égalité $\overrightarrow{MM'}=\overrightarrow{SO}$ s'écrit aussi $\overrightarrow{M'M}=\overrightarrow{OS}$, c'est-à-dire $\overrightarrow{M'M}=2\vec{i}+\vec{j}$. Ainsi, à partir du point M', on obtient le point M à partir d'un "décalage" (rigoureusement parlant, d'une translation) de vecteur $2\vec{i}+\vec{j}$. Il suffit de se donner plusieurs points M' sur la parabole $\left(P'\right)$, de les décaler, et on obtient autant de points M sur la parabole $\left(P\right)$:

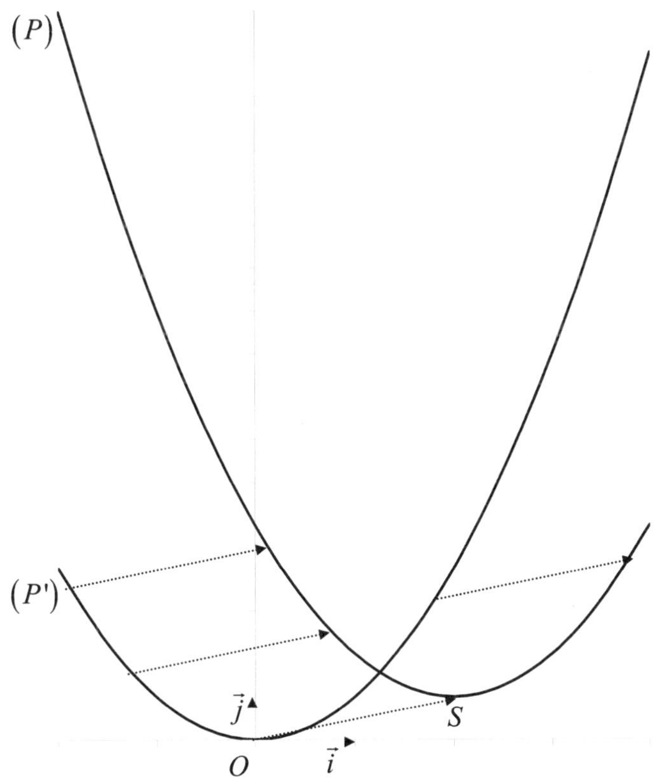

5. Pour tout x, $(x-2)^2+1 = x^2-4x+4+1$

$$= x^2-4x+5. \text{ En effet :}$$

$$\boxed{f(x)=(x-2)^2+1}$$

On dispose de deux écritures de $f(x)$, donc on possède deux façons d'étudier les variations de f.

1ère façon : on utilise le cours.

Comme le coefficient de x^2, dans l'écriture développée de $f(x)$, est positif (il vaut 1), le trinôme f est d'abord décroissant, puis croissant. On a déjà calculé l'abscisse du sommet de (P), donc :

$$\boxed{f \text{ est strictement décroissante sur }]-\infty\ ;\ 2] \text{ et strictement croissante sur } [2\ ;\ +\infty[}$$

2ème façon : on utilise les théorèmes de rangement.

Le calcul de $f(x)$, pour un x quelconque, peut être décomposé de la façon suivante :

$$x \xrightarrow{-2} x-2 \xrightarrow{\text{au carré}} (x-2)^2 \xrightarrow{+1} (x-2)^2+1$$

Ce schéma permet de visualiser les différentes fonctions de référence intervenant dans le calcul de $f(x)$. La courbe représentative de f, entre autres, suggère qu'on va devoir étudier les variations de f séparément sur $]-\infty\ ;\ 2]$ et sur $[2\ ;\ +\infty[$.

Sur l'intervalle $]-\infty\ ;\ 2]$: considérons deux réels a et b de cet intervalle tels que $a<b$. On obtient successivement :

$a-2<b-2$

$(a-2)^2>(b-2)^2$ (l'ordre change, car $a-2$ et $b-2$ sont négatifs sur l'intervalle considéré)

$(a-2)^2+1>(b-2)^2+1$

$f(a)>f(b)$.

f change l'ordre, donc :

$$\boxed{f \text{ est strictement décroissante sur }]-\infty\ ;\ 2]}$$

De la même façon (la seule différence est le passage au carré : on ne change pas le sens de l'inégalité), on obtient que :

$$\boxed{f \text{ est strictement croissante sur } [2\ ;\ +\infty[}$$

✍ Exercice 2

Le prix de vente d'un objet est de x € et on vend $240-x$ objets, donc le bénéfice réalisé vaut $B(x)=x(240-x)$. Il s'agit alors de déterminer le maximum du trinôme B.

Or $B(x)=x(240-x)=240x-x^2=-x^2+240x$.

L'extremum de B est un maximum, puisque le coefficient de x^2 est négatif, et ce maximum est atteint en $\dfrac{-240}{2\times(-1)}=120$. Par suite :

L'entreprise doit vendre un objet 120 € pour réaliser un bénéfice maximal

Devoir 13

Exercice 1

Partie A

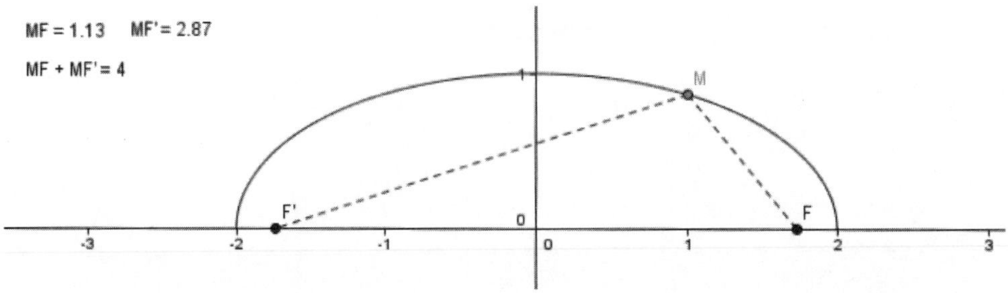

En faisant varier M sur (C), la valeur affichée de $MF + MF'$ reste consante égale à 4. On peut donc conjecturer que, pour tout point M sur la courbe :

$$\boxed{MF + MF' = 4}$$

En tout état de cause, on ne peut pas affirmer que la réciproque est vraie : il est possible que d'autres points que ceux de (C) vérifient aussi la même propriété.

Partie B

1. $f(x)$ n'existe que si $1 - \frac{x^2}{4} \geq 0$. Cette inéquation, qui n'est pas du premier degré, se résout avec la méthode habituelle. Commençons par factoriser :

$$1 - \frac{x^2}{4} \geq 0 \Leftrightarrow 1 - \left(\frac{x}{2}\right)^2 \geq 0$$

$$\Leftrightarrow \left(1 - \frac{x}{2}\right)\left(1 + \frac{x}{2}\right) \geq 0.$$

On peut alors dresser un tableau de signes :

x	$-\infty$		-2		2		$+\infty$
$1-\frac{x}{2}$		$+$		$+$	0	$-$	
$1+\frac{x}{2}$		$-$	0	$+$		$+$	
$\left(1-\frac{x}{2}\right)\left(1+\frac{x}{2}\right)$		$-$	0	$+$	0	$-$	

On en déduit que :

$$\boxed{f \text{ est définie sur } [-2\ ;\ 2]}$$

2. Dire que $x \in [-2\ ;\ 2]$ revient à dire que $-2 \leq x \leq 2$; on en déduit qu'alors $2 \geq -x \geq -2$, c'est-à-dire que $-x \in [-2\ ;\ 2]$. Cette propriété est nécessaire pour pouvoir s'intéresser à $f(-x)$, afin d'être sûr que $f(-x)$ existe pour un x quelconque dans $[-2\ ;\ 2]$: on dit que l'ensemble $[-2\ ;\ 2]$ est centré en 0. On a alors :

$$\begin{aligned} f(-x) &= \sqrt{1-\frac{(-x)^2}{4}} \\ &= \sqrt{1-\frac{x^2}{4}} \\ &= f(x). \end{aligned}$$

La fonction f est donc paire. On en déduit que, comme pour toute fonction paire :

$$\boxed{(C) \text{ est symétrique par rapport à l'axe des ordonnées}}$$

3. Considérons deux réels a et b de l'intervalle $[0\ ;\ 2]$ tels que $a<b$. Le calcul de $f(x)$ peut être décomposé de la façon suivante :

$$x \xrightarrow{\text{carré}} x^2 \xrightarrow{\times\left(-\frac{1}{4}\right)} -\frac{x^2}{4} \xrightarrow{+1} 1-\frac{x^2}{4} \xrightarrow{\text{racine}} \sqrt{1-\frac{x^2}{4}}$$

On effectue ces opérations successivement, à partir de $a<b$, de façon à pouvoir comparer $f(a)$ et $f(b)$:

$a<b$

$a^2<b^2$ car a et b sont positifs sur l'intervalle $[0\ ;\ 2]$

$-\frac{1}{4}a^2 > -\frac{1}{4}b^2$ car $-\frac{1}{4}<0$

$1-\frac{a^2}{4} > 1-\frac{b^2}{4}$

$\sqrt{1-\frac{a^2}{4}} > \sqrt{1-\frac{b^2}{4}}$ car $1-\frac{a^2}{4}$ et $1-\frac{b^2}{4}$ sont positifs sur $[0\ ;\ 2]$

$f(a) > f(b)$.

f change l'ordre sur $[0\ ;\ 2]$; par conséquent :

$$\boxed{f \text{ est strictement décroissante sur } [0\ ;\ 2]}$$

Partie C

1. a) L'abscisse de M est x et M est sur (C), donc son ordonnée vaut $f(x)$. On peut alors calculer MF^2 :

$$\begin{aligned}
MF^2 &= (x_F - x_M)^2 + (y_F - y_M)^2 \\
&= \left(\sqrt{3} - x\right)^2 + \left(0 - f(x)\right)^2 \\
&= 3 - 2\sqrt{3}x + x^2 + f(x)^2 \\
&= 3 - 2\sqrt{3}x + x^2 + \sqrt{1 - \frac{x^2}{4}}^{\,2} \\
&= 3 - 2\sqrt{3}x + x^2 + 1 - \frac{x^2}{4} \\
&= \frac{3}{4}x^2 - 2\sqrt{3}x + 4 \\
&= \left(\frac{\sqrt{3}}{2}x\right)^2 - 2\sqrt{3}x + 4 \\
&= \left(\frac{\sqrt{3}}{2}x - 2\right)^2.
\end{aligned}$$

(Le lecteur qui ne remarquerait pas cette identité remarquable pourrait toujours arrêter ce calcul à l'avant dernière ligne et calculer séparément $\left(\frac{\sqrt{3}}{2}x - 2\right)^2$ pour trouver le même résultat, à savoir $\frac{3}{4}x^2 - 2\sqrt{3}x + 4$).

On a bien :

$$\boxed{MF^2 = \left(\frac{\sqrt{3}}{2}x - 2\right)^2}$$

b) A partir de l'encadrement $-2 \leq x \leq 2$, on va encadrer $\frac{\sqrt{3}}{2}x - 2$, en espérant que cet encadrement nous fournira le signe de $\frac{\sqrt{3}}{2}x - 2$:

$-2 \leq x \leq 2$

$$-2\frac{\sqrt{3}}{2} \leq \frac{\sqrt{3}}{2}x \leq 2\frac{\sqrt{3}}{2} \qquad \text{car } \frac{\sqrt{3}}{2} > 0$$

$$-\sqrt{3} \leq \frac{\sqrt{3}}{2}x \leq \sqrt{3}$$

$$-\sqrt{3} - 2 \leq \frac{\sqrt{3}}{2}x - 2 \leq \sqrt{3} - 2$$

Or $\sqrt{3} - 2 < 0$ (car $\sqrt{3} < 2$) ; $\frac{\sqrt{3}}{2}x - 2$ est donc inférieur à un nombre strictement négatif, donc est strictement négatif :

$$\boxed{\frac{\sqrt{3}}{2}x - 2 < 0 \text{ pour } x \in [-2\ ;\ 2]}$$

c) Revenons à l'égalité du a) : $MF^2 = \left(\frac{\sqrt{3}}{2}x - 2\right)^2$, qui est de la forme $A^2 = B^2$; or $A^2 = B^2 \Leftrightarrow A = B$ ou $A = -B$; ici, on obtient donc $MF = \frac{\sqrt{3}}{2}x - 2$ ou $MF = -\left(\frac{\sqrt{3}}{2}x - 2\right)$. Reste à déterminer laquelle de ces deux expressions est la bonne. Or on a vu au b) que $\frac{\sqrt{3}}{2}x - 2 < 0$ lorsque $-2 \leq x \leq 2$, donc MF (qui est une longueur, donc un nombre positif) ne saurait être égal à $\frac{\sqrt{3}}{2}x - 2$; par suite :

$$\boxed{MF = -\frac{\sqrt{3}}{2}x + 2}$$

2. Commençons par calculer MF'^2 :

$$MF'^2 = (x_{F'} - x_M)^2 + (y_{F'} - y_M)^2$$

$$= \left(-\sqrt{3} - x\right)^2 + \left(0 - f(x)\right)^2$$

$$= 3 + 2\sqrt{3}x + x^2 + f(x)^2$$

$$= 3 + 2\sqrt{3}x + x^2 + \sqrt{1 - \frac{x^2}{4}}^2$$

$$= 3 + 2\sqrt{3}x + x^2 + 1 - \frac{x^2}{4}$$

$$= \frac{3}{4}x^2 + 2\sqrt{3}x + 4$$

$$=\left(\frac{\sqrt{3}}{2}x\right)^2+2\sqrt{3}x+4$$

$$=\left(\frac{\sqrt{3}}{2}x+2\right)^2.$$

On en déduit que :

$$\boxed{MF'^2=\left(\frac{\sqrt{3}}{2}x+2\right)^2}$$

Par suite, $MF'=\frac{\sqrt{3}}{2}x+2$ ou $MF'=-\left(\frac{\sqrt{3}}{2}x+2\right)$.

De façon à pouvoir choisir, il faut connaître le signe de $\frac{\sqrt{3}}{2}x+2$. On procède de même qu'au b) ci-dessus :

$-2\leq x\leq 2$

$-2\frac{\sqrt{3}}{2}\leq\frac{\sqrt{3}}{2}x\leq 2\frac{\sqrt{3}}{2}$ car $\frac{\sqrt{3}}{2}>0$

$-\sqrt{3}\leq\frac{\sqrt{3}}{2}x\leq\sqrt{3}$

$-\sqrt{3}+2\leq\frac{\sqrt{3}}{2}x+2\leq\sqrt{3}+2$

Or $-\sqrt{3}+2>0$, donc $\frac{\sqrt{3}}{2}x+2$ est plus grand qu'un nombre positif, donc est positif. Par conséquent, MF' ne peut être égal à $-\left(\frac{\sqrt{3}}{2}x+2\right)$ et donc :

$$\boxed{MF'=\frac{\sqrt{3}}{2}x+2}$$

On en déduit que $MF+MF'=-\frac{\sqrt{3}}{2}x+2+\frac{\sqrt{3}}{2}x+2$, soit :

$$\boxed{MF+MF'=4}$$

Partie D

Cette partie est assez calculatoire, mais sans réelle difficulté.

1. On a $MF+MF'=4$; en multipliant à gauche et à droite par $MF-MF'$, il vient :

$(MF+MF')(MF-MF')=4(MF-MF')$, et donc :

$$\boxed{MF^2-MF'^2=4(MF-MF')}$$

2. Calculons :

D'une part, $MF^2 = \left(x_F - x_M\right)^2 + \left(y_F - y_M\right)^2$

$$= \left(\sqrt{3} - x\right)^2 + \left(0 - y\right)^2$$

$$= 3 - 2\sqrt{3}x + x^2 + y^2.$$

D'autre part, $MF'^2 = \left(x_{F'} - x_M\right)^2 + \left(y_{F'} - y_M\right)^2$

$$= \left(-\sqrt{3} - x\right)^2 + \left(0 - y\right)^2$$

$$= 3 + 2\sqrt{3}x + x^2 + y^2.$$

Par suite : $MF^2 - MF'^2 = 3 - 2\sqrt{3}x + x^2 + y^2 - \left(3 + 2\sqrt{3}x + x^2 + y^2\right)$, soit :

$$\boxed{MF^2 - MF'^2 = -4x\sqrt{3}}$$

3. D'un côté, $MF^2 - MF'^2 = 4\left(MF - MF'\right)$ et, d'un autre côté, $MF^2 - MF'^2 = -4x\sqrt{3}$. Il s'ensuit que $4\left(MF - MF'\right) = -4x\sqrt{3}$, puis que $MF - MF' = -\dfrac{4x\sqrt{3}}{4} = -x\sqrt{3}$, et enfin que :

$$\boxed{MF + x\sqrt{3} = MF'}$$

4. Dans $MF + MF' = 4$, on remplace MF' par l'expression trouvée ci-dessus : $MF + MF + x\sqrt{3} = 4$, d'où $2MF = -x\sqrt{3} + 4$ et il vient :

$$\boxed{MF = 2 - \frac{x\sqrt{3}}{2}}$$

5. Ce calcul a déjà été effectué à la question 2 ci-dessus, et on a trouvé :

$$\boxed{MF^2 = 3 - 2\sqrt{3}x + x^2 + y^2}$$

En remplaçant *MF* par l'expression trouvée à la question 4, il vient :

$\left(2 - \dfrac{\sqrt{3}}{2}x\right)^2 = 3 - 2\sqrt{3}x + x^2 + y^2$ et il ne reste plus qu'à développer et à simplifier :

$$4 - 2x\sqrt{3} + \frac{3}{4}x^2 = 3 - 2\sqrt{3}x + x^2 + y^2$$

$$4 - 3 = -\frac{3}{4}x^2 + x^2 + y^2$$

$$\boxed{1 = \frac{x^2}{4} + y^2}$$

6. Dire que M est sur (C) revient à dire que $y = f(x)$, et dire que M est sur (C') revient à dire que $y = -f(x)$. Dans les deux cas, il faut donc isoler y dans la relation démontrée ci-dessus :

$1=\frac{x^2}{4}+y^2 \Leftrightarrow 1-\frac{x^2}{4}=y^2$.

$1-\frac{x^2}{4}$ est nécessairement positif, puisque égal à y^2, donc $\sqrt{1-\frac{x^2}{4}}$ existe. Il vient :

$$1=\frac{x^2}{4}+y^2 \Leftrightarrow \sqrt{1-\frac{x^2}{4}}=y \text{ ou } -\sqrt{1-\frac{x^2}{4}}=y$$

$$\Leftrightarrow f(x)=y \text{ ou } -f(x)=y$$

$$\boxed{\frac{x^2}{4}+y^2=1 \Leftrightarrow M\in(C) \text{ ou } M\in(C')}$$

Si on considère deux points M et M' de même abscisse x, M étant sur (C) et M' étant sur (C'), alors ces deux points ont des ordonnées opposées (celle de M est $f(x)$, celle de M' est $-f(x)$). M et M' sont donc symétriques par rapport à l'axe des abscisses ; en d'autres termes :

$$\boxed{(C') \text{ est la symétrique de } (C) \text{ par rapport à l'axe des abscisses}}$$

7. Pour tracer (C), on utilise la relation $MF+MF'=4$: il suffit de planter deux clous en F et en F', de les relier par une ficelle de longueur 4 unités (c'est possible, puisque $FF'=2\sqrt{3}<4$), puis de tendre la ficelle avec un crayon tout en traçant, de façon à être sûr que la somme des distances entre la pointe du crayon et les deux clous reste constante égale à 4. En effectuant ainsi un tour complet, on obtient (C) et (C'), en effectuant un demi-tour seulement, on obtient (C).

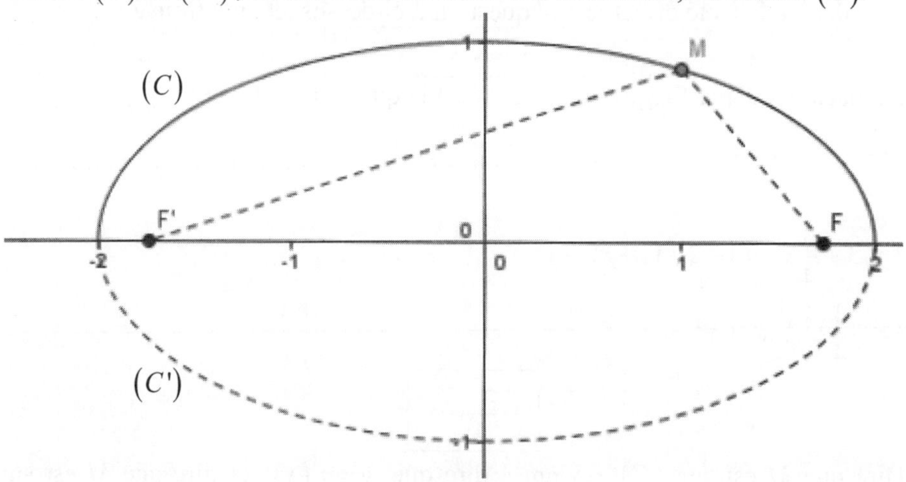

Devoir 14

✍ Exercice 1

1. Il s'agit de calculer une moyenne pondérée.
Pour l'entreprise A :

$\overline{s}_A = \dfrac{4200\times 10 + 1200\times 50}{10+50}$, et on trouve :

$$\boxed{\overline{s}_A = 1700\text{ €}}$$

De même, pour l'entreprise B :

$\overline{s}_B = \dfrac{3000\times 20 + 100\times 30}{20+30}$, ce qui donne :

$$\boxed{\overline{s}_B = 1800\text{ €}}$$

On remarque que $\overline{s}_B > \overline{s}_A$: le salaire moyen dans l'entreprise B est supérieur au salaire moyen dans l'entreprise A, alors que les cadres aussi bien que les ouvriers sont mieux payés dans l'entreprise A. Ce paradoxe (apparent) provient des différentes proportions de cadres dans chaque entreprise : dans l'entreprise A, ils représentent environ 16 % des employés (10 sur 60), alors que dans l'entreprise B ils représentent 40 % des employés (20 sur 50).

2. Appelons x le nombre de cadres dans l'entreprise A, y le nombre d'ouvriers. Le salaire moyen dans l'entreprise A est donné par :

$\overline{s}_A = \dfrac{4200\times x + 1200\times y}{x+y}$, et il s'agit de déterminer la valeur de $\dfrac{y}{x}$ (ou de $\dfrac{x}{y}$).

On doit avoir $\overline{s}_A = \overline{s}_B$, donc :

$\dfrac{4200x + 1200y}{x+y} = 1800$. Commençons par simplifier :

$4200x + 1200y = 1800x + 1800y$

$2400x = 600y$

$\dfrac{y}{x} = \dfrac{2400}{600} = 4$. Autrement dit :

$$\boxed{\text{Il doit y avoir 4 fois plus d'ouvriers que de cadres}}$$

Exercice 2

1. Sans difficulté :

$$\overline{x}_A = \frac{22\times 1+15\times 2+...+15\times 6}{22+15+...+15}\text{, et on trouve :}$$

$$\boxed{\overline{x}_A = 3{,}18}$$

$$\overline{x}_B = \frac{18\times 1+16\times 2+...+18\times 6}{18+16+...+18} :$$

$$\boxed{\overline{x}_B = 3{,}48}$$

Avec $\overline{x}_B = 3{,}48$, on a $\overline{x}_B - \frac{10}{100}\overline{x}_B = 3{,}48 - 0{,}348 = 3{,}132$, et

$\overline{x}_B + \frac{10}{100}\overline{x}_B = 3{,}48 + 0{,}348 = 3{,}828$. Par suite :

$$\boxed{\overline{x}_A \in \left[\overline{x}_B - \frac{10}{100}\overline{x}_B \ ;\ \overline{x}_B + \frac{10}{100}\overline{x}_B\right]}$$

$$\boxed{\text{Le dé A n'est pas truqué}}$$

2. Les valeurs étant rangées par ordre croissant et la série contenant 10 valeurs, la médiane est la moyenne de la cinquième et de la sixième valeur. Ici, ces deux valeurs sont toutes les deux égales à 17, et donc :

$$\boxed{m = 17}$$

L'étendue est la différence entre la plus grande et la plus petite valeur de la série :

$$\boxed{d = 22 - 14 = 8}$$

L'intervalle $\left[m - \frac{d}{2} \ ;\ m + \frac{d}{2}\right]$ est donc l'intervalle $[13 \ ;\ 21]$. $22 \notin [13 \ ;\ 21]$, donc :

$$\boxed{\text{Le dé A est truqué}}$$

3. Les différentes fréquences d'apparition s'obtiennent en divisant chaque effectif par le total, à savoir 100. D'où les valeurs suivantes :

Face	1	2	3	4	5	6
Nombre d'apparitions	22	15	17	15	16	15
Fréquence	0,22	0,15	0,17	0,15	0,16	0,17

On en déduit :

$$d^2 = \frac{1}{6}\left[\left(0{,}22 - \frac{1}{6}\right)^2 + \left(0{,}15 - \frac{1}{6}\right)^2 + ... + \left(0{,}15 - \frac{1}{6}\right)^2\right] \text{ et on trouve :}$$

$$\boxed{d^2 \simeq 6{,}2222.10^{-4}}$$

Si le dé est bien équilibré, alors chaque face a une fréquence théorique d'apparition de $\frac{1}{6}$ (chaque face a une chance sur 6 d'apparaître). La différence $0{,}22 - \frac{1}{6}$ est donc la différence entre la fréquence mesurée d'apparition de la face 1 et sa fréquence théorique d'apparition, si le dé n'est pas truqué. Les autres termes s'interprètent de la même façon et, comme la somme comporte exactement 6 termes, d^2 est en fait la moyenne (d'où le $\frac{1}{6}$) des carrés des écarts à la fréquence théorique. Ce nombre permet donc de mesurer l'écart entre les valeurs mesurées et les valeurs théoriques d'apparition de chaque face.

4. On constate que $6{,}2222.10^{-4} \in \left[3{,}53.10^{-4}\ ;\ 6{,}35.10^{-4}\right]$, donc que :

$$d^2 \in [D_1\ ;\ D_9]$$

pour le dé A, d^2 n'est pas une valeur extrême :

$$\boxed{\text{Le dé A n'est pas truqué}}$$

5. L'échantillon est de taille $n = 100$ et la fréquence théorique d'apparition de la face n°1 est $\frac{1}{6}$ (voir ci-dessus), donc l'intervalle de fluctuation à 95% est $I = \left[\frac{1}{6} - \frac{1}{\sqrt{100}}\ ;\ \frac{1}{6} + \frac{1}{\sqrt{100}}\right] \simeq [0{,}06\ ;\ 0{,}26]$. Or la fréquence mesurée d'apparition de la face 1 vaut $\frac{22}{100} = 0{,}22$ et $0{,}22 \in [0{,}06\ ;\ 0{,}26]$ donc, au seuil de 95% :

$$\boxed{\text{Le dé A n'est pas truqué}}$$

Devoir 15

Exercice 1

1. On peut rajouter une ligne au tableau de l'énoncé, présentant les valeurs des effectifs cumulés croissants :

Taille (m)	$]1,5 ; 1,6]$	$]1,6 ; 1,65]$	$]1,65 ; 1,7]$	$]1,7 ; 1,75]$	$]1,75 ; 1,90]$
Nombre d'élèves	3	7	3	12	5
Effectifs cumulés croissants	3	10	13	25	30

(on obtient ainsi les points de coordonnées $(1,5 ; 0)$, $(1,6 ; 3)$, $(1,65 ; 10)$, etc.)

D'où la courbe des effectifs cumulés croissants de cette série :

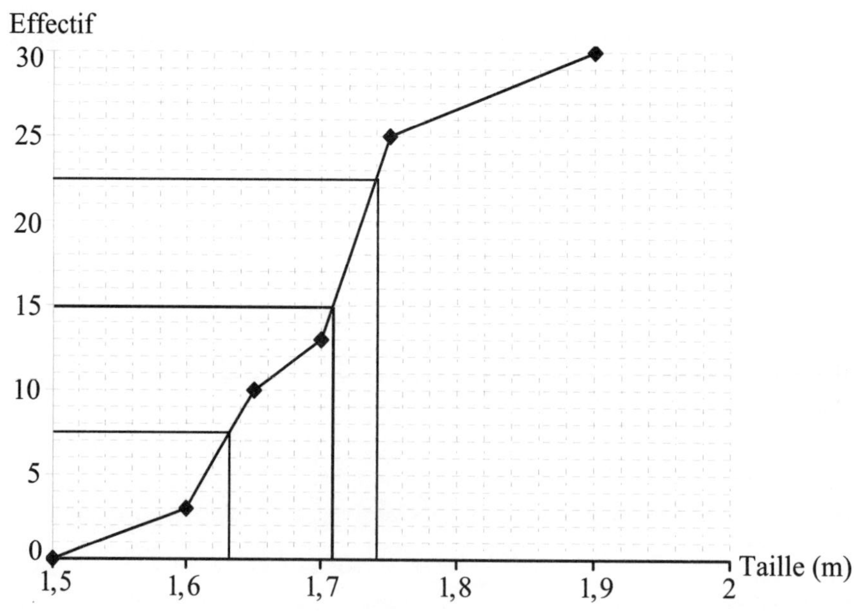

La médiane partage l'effectif en deux parties égales, donc en deux groupes de 15 élèves chacun : on cherche, graphiquement, l'antécédent de 15, et on trouve la valeur de la médiane de cette série :

$$\boxed{m \simeq 1{,}71}$$

De la même façon, le premier quartile Q_1 est l'antécédent de 7,5 et le troisième quartile Q_3 celui de 22,5. On lit :

$$\boxed{Q_1 \simeq 1{,}627 \text{ et } Q_3 \simeq 1{,}74}$$

2. a) 13 élèves, soit moins de la moitié de la classe, mesurent moins de 1,70 m, et 25 élèves, soit plus de la moitié de la classe, mesurent moins de 1,75 m ; la médiane se situe donc entre les deux :

$$\boxed{m \in \left]1{,}7 \ ; \ 1{,}75\right]}$$

b) Par définition, $F(x_2)$ désigne le nombre d'élèves ayant une taille inférieure où égale à x_2, et $F(x_1)$ désigne le nombre d'élèves ayant une taille inférieure où égale à x_1 ; $F(x_2)-F(x_1)$ est donc la différence entre le nombre d'élèves mesurant moins de x_2 et le nombre d'élèves mesurant moins de x_1 ; par conséquent :

$$\boxed{F(x_2)-F(x_1) \text{ est le nombre d'élèves mesurant entre } x_1 \text{ et } x_2}$$

On a vu que $F(1{,}7)=13$ et que $F(1{,}75)=25$; en appliquant la formule donnée par l'énoncé à $x_1=1{,}7$ et $x_2=1{,}75$, il vient :

$25-13-k(1{,}75 \quad 1{,}7)$, soit $12-0{,}05k$, et il vient $k=\dfrac{12}{0{,}05}$:

$$\boxed{k=240}$$

c) En notant x au lieu de x_2 et en prenant toujours $x_1=1{,}7$, il vient :

$F(x)-13=240(x-1{,}7)$ et, en développant :

$F(x)=240x-240\times 1{,}7+13$ et donc :

$$\boxed{F(x)=240x-395}$$

Remarques : dans le calcul ci-dessus, on aurait très bien pu remplacer x_1 par x, et garder $x_2=1{,}75$; on aurait bien sûr trouvé la même expression de $F(x)$.

Graphiquement, l'hypothèse d'uniformité formulée par l'énoncé revient à considérer que les différents points obtenus pour tracer la courbe des effectifs cumulés croissants peuvent être reliés par des segments de droites ; l'expression de $F(x)$ déterminée ci-dessus n'est alors rien d'autre que la fonction affine correspondant au segment de droite de la courbe correspondant à l'intervalle $\left]1{,}7 \ ; \ 1{,}75\right]$; le calcul des questions b) et c) revient donc à déterminer l'équation (réduite) de la droite passant par les points de coordonnées $(1{,}7 \ ; \ 13)$ et $(1{,}75 \ ; \ 25)$.

d) Il s'agit toujours de déterminer l'antécédent par F de 15, donc de résoudre l'équation $F(x)=15$:

$240x-395=15 \Leftrightarrow 240x=410$

$\Leftrightarrow x=\dfrac{410}{240}=\dfrac{41}{24}$ d'où une valeur approximative de la médiane :

$$\boxed{m \simeq 1{,}708}$$

✍ Exercice 2

1. Le mode est le caractère de la série le plus fréquent ; ici, c'est la note la plus souvent attribuée :

$$\boxed{\text{le mode de la série vaut } 10}$$

L'étendue est la différence entre les valeurs extrêmes de la série, ici 4 et 18 :

$$\boxed{e=14}$$

La moyenne est bien entendu une moyenne pondérée :

$\overline{x}=\dfrac{4\times 2+5\times 2+6\times 5+\ldots+18\times 1}{80}$ et une calculatrice (éventuellement) donne :

$$\boxed{\overline{x}=9{,}725}$$

L'effectif étant de 80, la médiane de la série est la moyenne des notes des 40ème et 41ème élèves. Le tableau indique que 38 élèves (soit moins de la moitié) ont 9 ou moins, et que 50 élèves (soit plus de la moitié) ont 10 ou moins. Les 40ème et 41ème élèves ont donc eu tous deux une note égale à 10 ; par suite :

$$\boxed{m=10}$$

2. Sans difficulté :

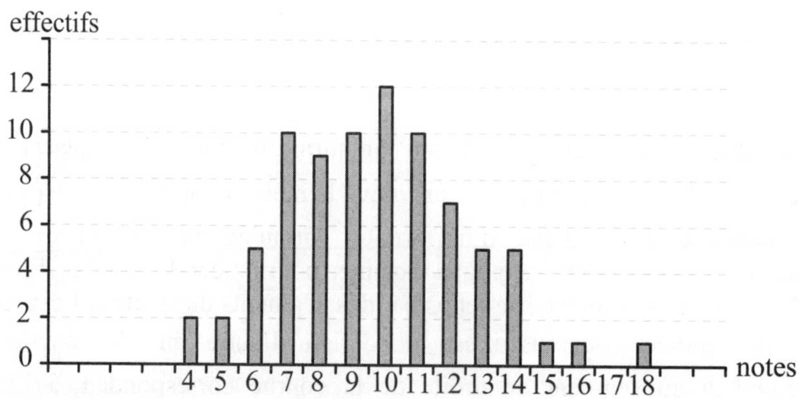

On a une répartition classique "en cloche".

3. Avec un peu de calculs, on obtient les carrés des écarts à la moyenne :

Note	4	5	6	7	8	9	10	11	12	13
Nombre	2	2	5	10	9	10	12	10	7	5
$(\text{note}-\overline{x})^2$	22,56	14,06	7,56	3,06	0,56	0,62	1,56	5,06	10,56	18,06

14	15	16	17	18
5	1	1	0	1
27,56	39,06	52,56	68,06	85,56

(les valeurs ont été arrondies au centième)

La variance est la moyenne pondérée de ces valeurs :

$V=\dfrac{22,56\times 2+14,06\times 2+\ldots+85,56\times 1}{80}$ et on trouve :

$$\boxed{V \simeq 7,75}$$

Et :

$$\boxed{\sigma \simeq 2,78}$$

La variance et l'écart type mesurent tous deux les écarts des notes à la moyenne de la série : ce sont donc des valeurs qui estiment la répartition des notes autour de la moyenne, et qui permettent donc de savoir si une série est plutôt homogène ou plutôt hétérogène.

(Ici, la valeur de l'écart type est plutôt faible, ce qui traduit une répartition des notes plutôt homogène).

4. Examinons les trois critères successivement :

a) La moyenne vaut $\overline{x}=9,725$ et la médiane vaut $m=10$, donc l'écart entre les deux est inférieur à 0,5.

b) On a $\overline{x}-\sigma \simeq 9,75-2,78=6,97$ et $\overline{x}+\sigma \simeq 9,75+2,78=12,53$. Il faut donc estimer le pourcentage de notes situées dans l'intervalle $[6,97\ ;\ 12,53]$. Il y a 58 notes dans cet intervalle, ce qui représente $\dfrac{58}{80}=0,725=72,5\%$.

c) De même :

$$\overline{x}-2\sigma \simeq 9,75-2\times 2,78=9,75-5,56=4,19$$
$$\overline{x}+2\sigma \simeq 9,75+2\times 2,78=9,75+5,56=15,31.$$

Or, seulement 3 notes ne sont pas situées dans l'intervalle $[4,19\ ;\ 15,31]$, donc 77 notes y sont situées, ce qui représente $\dfrac{77}{80}=0,9625=96,25\%$.

Ces trois résultats permettent d'affirmer que

$$\boxed{\text{cette série est normale}}$$

Devoir 16

✍ Exercice 1

1. Bien sûr, les probabilités cherchées ne sont pas égales à $\frac{1}{6}$: nous ne sommes pas en situation d'équiprobabilité puisque le dé est truqué.
L'hypothèse faite de proportionnalité entre les probabilités et les numéros peut se traduire par le fait que le tableau suivant est un tableau de proportionnalité :

Probabilité	p_1	p_2	p_3	p_4	p_5	p_6
Numéro	1	2	3	4	5	6

(Où on a appelé p_1 la probabilité d'obtenir laface 1, p_2 la probabilité d'obtenir la face 2, etc.)
La proportionnalité peut alors se traduire par les égalités :
$\frac{p_1}{1}=\frac{p_2}{2}=\frac{p_3}{3}=\frac{p_4}{4}=\frac{p_5}{5}=\frac{p_6}{6}$, ce qui permet d'exprimer chaque probabilité en fonction de p_1 : $p_2=2p_1$, $p_3=3p_1$, $p_4=4p_1$, $p_5=5p_1$ et $p_6=6p_1$.
D'autre part, la somme des probabilités des événements élémentaires vaut 1, donc :
$p_1+p_2+p_3+p_4+p_5+p_6=1$. Il n'y a plus qu'à remplacer :
$p_1+2p_1+3p_1+4p_1+5p_1+6p_1=1$, soit $21p_1=1$ et donc :

$$\boxed{p_1=\frac{1}{21}}$$

On obtient alors les autres probabilités :

$$\boxed{p_1=\frac{1}{21}\ ,\ p_2=\frac{2}{21}\ ,\ p_3=\frac{3}{21}\ ,\ p_4=\frac{4}{21}\ ,\ p_5=\frac{5}{21}\ ,\ p_6=\frac{6}{21}}$$

2. Il s'agit d'un échantillon de taille $n=10000$ et les fréquences théoriques d'apparition de chaque face sont les probabilités déterminées ci-dessus. Pour la face 1, l'intervalle de fluctuation à 95% est donc $I_1=\left[\frac{1}{21}-\frac{1}{\sqrt{10000}}\ ;\ \frac{1}{21}+\frac{1}{\sqrt{10000}}\right]\simeq[0{,}0376\ ;\ 0{,}0576]$.

On détermine de la même façon les intervalles de fluctuation des autres faces :

$I_2 \simeq [0{,}0852\ ;\ 0{,}1052]$, $I_3 \simeq [0{,}1329\ ;\ 0{,}1529]$, $I_4 \simeq [0{,}1805\ ;\ 0{,}2005]$, $I_5 \simeq [0{,}2281\ ;\ 0{,}2481]$ et $I_6 \simeq [0{,}2757\ ;\ 0{,}2957]$.

Examinons la face 1 : on a vu que $p_1 = \frac{1}{21} \simeq 0{,}0476$; donc $p_1 \in I_1$ et donc l'étude de la face 1 conduit à penser que, au seuil de 95 %, le joueur a raison. En procédant de même pour les autres faces, on constate que les autres probabilités appartiennent à leurs intervalles de fluctuation respectifs, sauf la face 6 : elle apparaît avec une fréquence de 0,2718, et $0{,}2718 \notin [0{,}2757\ ;\ 0{,}2957]$. Par suite :

$$\boxed{\text{au seuil de 95\%, le joueur n'a pas raison}}$$

✍ Exercice 2

1. a) On fait figurer dans le tableau les sommes obtenues pour chaque numéro obtenu pour les deux dés :

Dé1 \ Dé2	1	3	5	5	7	7
0	1	3	5	5	7	7
8	9	11	13	13	15	15
8	9	11	13	13	15	15
4	5	7	9	9	11	11
4	5	7	9	9	11	11
4	5	7	9	9	11	11

Attention de faire apparaître les 6 faces de chaque dé, même si certaines portent le même numéro : en les regroupant, on ne serait plus en situation d'équiprobabilité.

b) Notons $S=1$, $S=2$, etc. les événements "la somme est égale à 1", "la somme est égale à 2", etc. L'événement $S=1$ n'arrive qu'une fois (quand le premier dé donne 0 et le second dé donne 1) sur 36 possibilités, donc :

$$\boxed{p(S=1) = \frac{1}{36}}$$

De la même façon, il suffit de compter les occurrences pour déterminer les autres probabilités (c'est l'avantage du tableau : il n'y a qu'à compter) :

$$\boxed{\begin{array}{l} p(S=3)=\frac{1}{36}\ ; p(S=5)=\frac{5}{36}\ ; p(S=7)=\frac{5}{36}\ ; \\ p(S=9)=\frac{8}{36}\ ; p(S=11)=\frac{8}{36}\ ; p(S=13)=\frac{4}{36}\ ; p(S=15)=\frac{4}{36} \end{array}}$$

c) Parmi les valeurs possibles de la somme, seules 3 sont des multiples de 3 : 3, 9 et 15. Or les 3, 9 et 15 apparaissent respectivement 1, 8 et 4 fois, donc, en tout, on a 13 possibilités d'obtenir un multiple de 3. Par suite :

$$\boxed{p(A)=\frac{13}{36}}$$

De même, la somme est un multiple de 5 lorsqu'elle vaut 5 ou 15 : en tout, 9 possibilités. Donc :

$$\boxed{p(B)=\frac{9}{36}=\frac{1}{4}}$$

L'événement $A\cap B$ est l'événement « obtenir une somme multiple de 3 et multiple de 5 » ; il n'y a qu'une seule possibilité : que la somme soit égale à 15. Par suite :

$$\boxed{p(A\cap B)=p(S=15)=\frac{4}{36}=\frac{1}{9}}$$

L'événement $A\cup B$ est l'événement « obtenir une somme multiple de 3 ou multiple de 5 ». On peut procéder comme ci-dessus en dénombrant toutes les possibilités ; il est sans doute plus rapide d'appliquer la formule :

$p(A\cup B)=p(A)+p(B)-p(A\cap B)$ soit, en remplaçant :

$p(A\cup B)=\frac{13}{36}+\frac{9}{36}-\frac{4}{36}=\frac{18}{36}$:

$$\boxed{p(A\cup B)=\frac{1}{2}}$$

2. Comme dans la question 1, le plus simple et le plus sûr est de dresser un tableau faisant apparaître les valeurs possibles du plus grand nombre obtenu :

Dé2 / Dé1	1	3	5	5	7	7
0	1	3	5	5	7	7
8	8	8	8	8	8	8
8	8	8	8	8	8	8
4	4	4	5	5	7	7
4	4	4	5	5	7	7
4	4	4	5	5	7	7

Il y a 4 possibilités d'obtenir le 4 comme plus grand nombre, donc :

$p(\text{obtenir } 4) = \dfrac{4}{36} = \dfrac{1}{9}$. De même, il y a 8 possibilités d'obtenir 5 comme plus grand nombre, donc $p(\text{obtenir } 5) = \dfrac{8}{36} = \dfrac{2}{9}$. Par suite :

$$\boxed{\text{il est plus probable d' obtenir 5 que d' obtenir 4}}$$

(ce qui n'allait pas de soi, puisque le numéro 4 est présent 3 fois alors que le 5 n'est présent que 2 fois…).

Devoir 17

✍ Exercice 1

Partie A

1. En appelant N l'événement "obtenir une boule noire" et B l'événement "obtenir une boule blanche", on obtient l'arbre suivant :

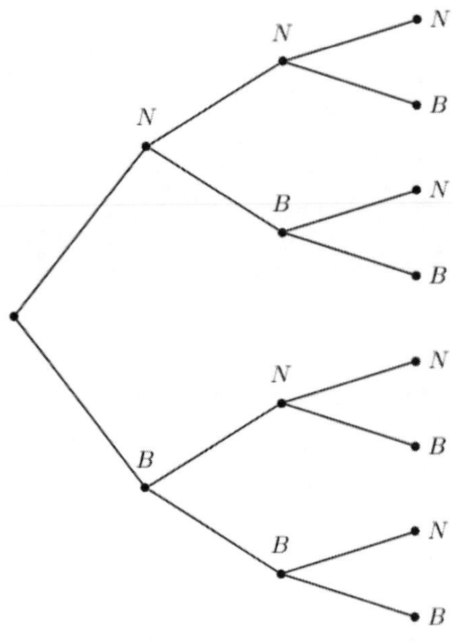

1er tirage 2ème tirage 3ème tirage

2. Il y a 8 issues en tout (il suffit de compter les branches obtenues à la fin du 3ème tirage), et il n'y a qu'une façon de n'obtenir que des blanches (représentée par la dernière branche de l'arbre). Comme on est en situation d'équiprobabilité (à chaque tirage, on a 1 chance sur 2 d'avoir une blanche ou d'avoir une noire) :

$$\boxed{p(A_1)=\frac{1}{8}}$$

De la même façon :

$$\boxed{p(A_2)=\frac{1}{8}}$$

"Obtenir des boules des deux couleurs" signifie n'obtenir ni 3 blanches (1 possibilité), ni 3 noires (1 possibilité). Comme on a en tout 8 issues, il y a 6 issues dans lesquelles on obtient des boules des deux couleurs (ce qu'on peut vérifier en comptant les branches de l'arbre concernées). Donc :

$$\boxed{p(A_3)=\frac{6}{8}=\frac{3}{4}}$$

"Obtenir au plus une blanche" signifie n'obtenir aucune blanche ou obtenir exactement une blanche. Il y a 1 possibilité de n'obtenir aucune blanche (c'est le cas où on n'obtient que des noires), et 3 possibilités d'obtenir exactement 1 blanche (voir l'arbre). On a donc 4 possibilités en tout d'obtenir au plus une blanche, donc :

$$\boxed{p(A_4)=\frac{4}{8}=\frac{1}{2}}$$

Partie B

1. A chaque nouveau tirage, on multiplie par 2 le nombre de branches de l'arbre représentant l'expérience (2 branches après le 1er tirage, 4 après de 2ème, 8 après le 3ème, etc.). Au bout de *n* tirage, on aura donc :

$$\boxed{2^n \text{ issues}}$$

2. Il s'agit essentiellement de généraliser les raisonnements effectués dans la partie A, en imaginant un arbre à *n* ramifications (et 2^n branches terminales).
On n'a que 2 possibilités d'avoir des boules de même couleur (1 possibilité de n'avoir que des blanches et 1 possibilité de n'avoir que des noires), donc :

$$\boxed{p(C)=\frac{2}{2^n}=\frac{1}{2^{n-1}}}$$

Pour l'événement *D*, on a *n* possibilités, puisqu'il s'agit de choisir, parmi les *n* tirages effectués, celui au cours duquel on obtient la boule blanche. Donc :

$$\boxed{p(D)=\frac{n}{2^n}}$$

3. L'événement $A\cap B$ est l'événement "obtenir des boules des deux couleurs et obtenir au plus une blanche". Or si on n'obtient aucune blanche, on n'obtient pas des boules des deux couleurs, donc, en fait, $A\cap B$ est l'événement "obtenir exactement une blanche" : c'est donc *D*. Par suite :

$$\boxed{p(A\cap B)=\frac{n}{2^n}}$$

On a déjà vu qu'on avait 2 possibilités d'obtenir des boules de même couleur ; comme on a en tout 2^n issues, il reste 2^n-2 façons d'obtenir des boules de couleurs différentes. Donc :

$$\boxed{p(A)=\frac{2^n-2}{2^n}=1-\frac{1}{2^{n-1}}}$$

Enfin, "Obtenir au plus une blanche" signifie n'obtenir aucune blanche ou obtenir exactement une blanche. Il y a 1 possibilité de n'obtenir aucune blanche (c'est le cas où on n'obtient que des noires), et *n* possibilités d'obtenir exactement 1 blanche (le raisonnement a été fait à propos de $A \cap B$). On a donc en tout $1+n$ possibilités et donc :

$$\boxed{p(B)=\frac{1+n}{2^n}}$$

Partie C

1. Un algorithme possible est le suivant :

Entrer n

X prend la valeur $\frac{n}{2^n}$

Y prend la valeur $1-\frac{1}{2^{n-1}}$

Z prend la valeur $\frac{1+n}{2^n}$

Afficher X

Afficher Y

Afficher Z

Si $X = Y \times Z$ alors

  Afficher (« $p(A \cap B)=p(A)\times p(B)$ »)

Sinon

  Afficher (« $p(A \cap B)\neq p(A)\times p(B)$ »)

2. Un peu de calcul :

$$p(A\cap B)=p(A)\times p(B) \Leftrightarrow \frac{n}{2^n}=\left(1-\frac{1}{2^{n-1}}\right)\frac{n+1}{2^n}$$

$$\Leftrightarrow n=\left(1-\frac{1}{2^{n-1}}\right)(n+1) \quad \text{(simplification par } 2^n\text{)}$$

$$\Leftrightarrow \frac{n}{n+1}=1-\frac{1}{2^{n-1}}$$

$$\Leftrightarrow \frac{1}{2^{n-1}}=1-\frac{n}{n+1}$$

$$\Leftrightarrow \frac{1}{2^{n-1}}=\frac{n+1-n}{n+1}$$

$$\Leftrightarrow \frac{1}{2^{n-1}}=\frac{1}{n+1}$$

$$\boxed{p(A\cap B)=p(A)\times p(B) \Leftrightarrow 2^{n-1}=n+1}$$

3. On peut regrouper les différentes valeurs dans un tableau :

n	2	3	4	5	6	7	8	9	10
2^{n-1}	2	4	8	16	32	64	128	256	512
$n+1$	3	4	5	6	7	8	9	10	11

On s'aperçoit que la seule valeur de n comprise entre 2 et 10 pour laquelle $2^{n-1}=n+1$ est $n=3$; d'autre part, on a vu à la question précédente que $p(A\cap B)=p(A)\times p(B)\Leftrightarrow 2^{n-1}=n+1$; donc :

$$\boxed{p(A\cap B)=p(A)\times p(B)\text{ uniquement lorsque } n=3}$$

Il est raisonnable de penser que $n=3$ est la seule valeur pour laquelle $p(A\cap B)=p(A)\times p(B)$: la lecture du tableau conduit à penser que les valeurs prises par 2^{n-1} et $n+1$ "s'écartent" lorsque n augmente, et donc que 2^{n-1} ne sera jamais égal à $n+1$ pour $n>10$.

On constate donc que les événements *A* et *B* sont indépendants (au sens commun du terme) uniquement lorsqu'on réalise 3 tirages ; ce qui ne va pas de soi…

Devoir 18

✍ Exercice 1

1. Il peut être utile (mais pas toujours nécessaire) de déterminer un nombre plus simple que celui proposé, représenté par le même point sur le cercle trigonométrique. Pour cela, on utilise le fait que deux nombres différant d'un multiple de 2π sont représentés par le même point.
En remarquant que $11\pi = 5 \times 2\pi + \pi$, on voit que 11π et π sont représentés par le même point.

Pour placer $-\dfrac{2\pi}{3}$, cette opération est inutile : il suffit de tourner dans le sens indirect d'un tiers de tour.

On a $\dfrac{17\pi}{2} = \dfrac{16\pi}{2} + \dfrac{\pi}{2}$

$= 8\pi + \dfrac{\pi}{2}$, donc $\dfrac{17\pi}{2}$ et $\dfrac{\pi}{2}$ sont représentés par le même point.

De même, $-\dfrac{101\pi}{4} = -\dfrac{100\pi}{4} - \dfrac{\pi}{4}$

$= -25\pi - \dfrac{\pi}{4}$; mais -25π n'est pas un multiple de 2π ; on peut alors décomposer -25π en $-24\pi - \pi$ ou en $-26\pi + \pi$. On obtient alors :

$-\dfrac{101\pi}{4} = -26\pi + \pi - \dfrac{\pi}{4}$

$= -26\pi + \dfrac{3\pi}{4}$ et donc $-\dfrac{101\pi}{4}$ et $\dfrac{3\pi}{4}$ sont représentés par le même point.

On en déduit le placement des points représentant ces nombres sur le cercle trigonométrique :

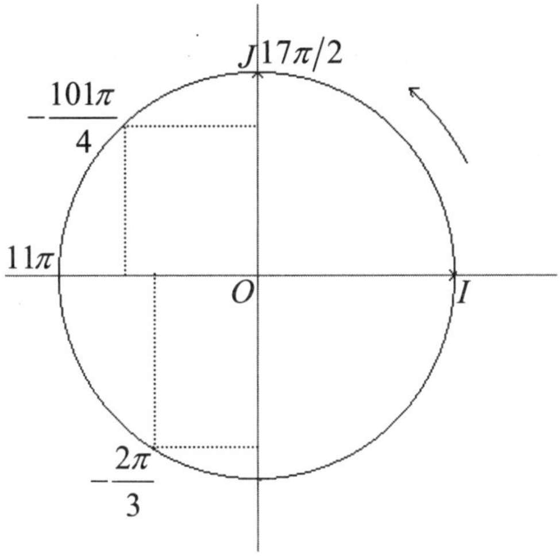

Par définition, $\cos 11\pi$ et $\sin 11\pi$ sont respectivement l'abscisse et l'ordonnée du point représentant 11π ; on procède de la même façon pour les trois autres :

$$\cos 11\pi = -1 \quad \text{et} \quad \sin 11\pi = 0$$

$$\cos\left(-\frac{2\pi}{3}\right) = -\frac{1}{2} \quad \text{et} \quad \sin\left(-\frac{2\pi}{3}\right) = -\frac{\sqrt{3}}{2}$$

$$\cos\frac{17\pi}{2} = 0 \quad \text{et} \quad \sin\frac{17\pi}{2} = 1$$

$$\cos\left(-\frac{101\pi}{4}\right) = -\frac{\sqrt{2}}{2} \quad \text{et} \quad \sin\left(-\frac{101\pi}{4}\right) = \frac{\sqrt{2}}{2}$$

(Pour le cosinus et le sinus de $-\frac{2\pi}{3}$, il faut s'apercevoir que le point représentant $-\frac{2\pi}{3}$ est le symétrique par rapport à O du point représentant $\frac{\pi}{3}$, et que par conséquent leurs coordonnées sont opposées ; de même, le point représentant $-\frac{101\pi}{4}$ est le symétrique par rapport à l'axe des ordonnées du point représentant $\frac{\pi}{4}$; ces deux points ont donc des abscisses opposées et des ordonnées égales).

2. On sait que, pour tout x : $(\cos x)^2 + (\sin x)^2 = 1$; ici, il vient :

$$(\cos x)^2 + \left(\frac{1}{3}\right)^2 = 1$$

$(\cos x)^2 = 1 - \frac{1}{9} = \frac{8}{9}$. On en déduit que $\cos x = \sqrt{\frac{8}{9}}$ ou $\cos x = -\sqrt{\frac{8}{9}}$. Or $x \in \left[\frac{\pi}{2}\ ;\ \pi\right]$, donc le point représentant x sur le cercle trigonométrique est situé dans le deuxième quart de cercle (celui correspondant à des abscisses négatives et à des ordonnées positives), donc $\cos x \leq 0$; par suite :

$$\boxed{\cos x = -\sqrt{\frac{8}{9}}}$$

(ce qu'on peut aussi écrire $\cos x = -\frac{2\sqrt{2}}{3}$).

Pour calculer $\tan x$, on dispose de deux formules : $\tan x = \frac{\sin x}{\cos x}$ et $1 + (\tan x)^2 = \frac{1}{(\cos x)^2}$. Ici, la première est plus simple :

$$\begin{aligned}\tan x &= \frac{\sin x}{\cos x}\\ &= \frac{\frac{1}{3}}{-\frac{2\sqrt{2}}{3}}\\ &= -\frac{1}{3} \times \frac{3}{2\sqrt{2}}\\ &= -\frac{1}{2\sqrt{2}}.\end{aligned}$$

On peut multiplier le numérateur et le dénominateur par $\sqrt{2}$, de façon à avoir une fraction s'écrivant sans racine au dénominateur :

$\tan x = -\frac{\sqrt{2}}{2\sqrt{2}^2}$ et finalement :

$$\boxed{\tan x = -\frac{\sqrt{2}}{4}}$$

3. Evidemment, on ne connaît pas les valeurs exactes des cosinus intervenant dans cette somme ; il faut donc réussir à l'écrire autrement, en espérant des simplifications. L'idée peut venir de la formule rappelée.

On remarque en effet que $\frac{6\pi}{7} = \pi - \frac{\pi}{7}$; on en déduit que $\cos\frac{6\pi}{7} = \cos\left(\pi - \frac{\pi}{7}\right)$ et, en appliquant la formule :

$\cos\frac{6\pi}{7} = -\cos\frac{\pi}{7}$.

De la même façon, $\frac{5\pi}{7} = \pi - \frac{2\pi}{7}$, donc $\cos\frac{5\pi}{7} = -\cos\frac{2\pi}{7}$.

Enfin, $\frac{4\pi}{7} = \pi - \frac{3\pi}{7}$ et donc $\cos\frac{4\pi}{7} = -\cos\frac{3\pi}{7}$.

Par suite, $A = \cos\frac{\pi}{7} + \cos\frac{2\pi}{7} + \cos\frac{3\pi}{7} - \cos\frac{3\pi}{7} - \cos\frac{2\pi}{7} - \cos\frac{\pi}{7}$ et donc :

$$\boxed{A = 0}$$

Exercice 2

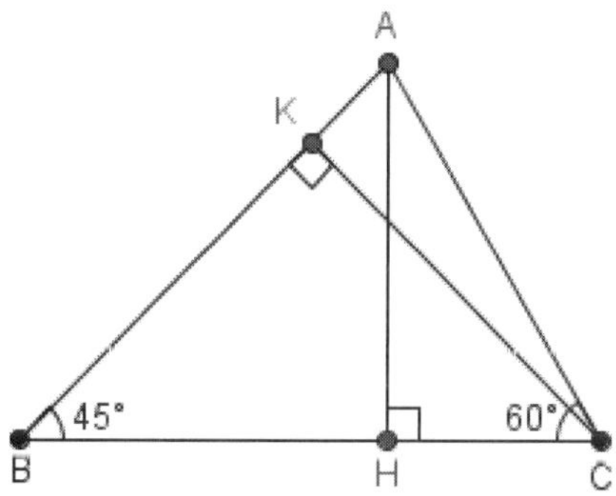

1. La somme des angles, dans un triangle, vaut 180°, donc $\widehat{BAC} = 180 - 45 - 60$, soit :

$$\boxed{\widehat{BAC} = 75°}$$

AHC est rectangle isocèle, donc $AH = a$. Dans le triangle rectangle *AHC*, on obtient alors : $\sin 60 = \frac{AH}{AC}$; on sait que $\sin 60 = \frac{\sqrt{3}}{2}$, donc $\frac{\sqrt{3}}{2} = \frac{a}{AC}$ et donc :

$$\boxed{AC = \frac{2a}{\sqrt{3}}}$$

Toujours dans le triangle *AHC*, on a $\cos 60 = \frac{CH}{AC}$, donc $\frac{1}{2} = \frac{CH}{AC}$ et donc $CH = \frac{AC}{2} = \frac{a}{\sqrt{3}}$. De plus, $BC = BH + HC$, donc $BC = a + \frac{a}{\sqrt{3}}$, ce qu'on peut aussi écrire :

$$\boxed{BC = \frac{\left(1+\sqrt{3}\right)a}{\sqrt{3}}}$$

Dans le triangle restangle *BCK*, on a $\sin 45 = \dfrac{CK}{BC}$, donc $\dfrac{\sqrt{2}}{2} = \dfrac{\sqrt{3}CK}{\left(1+\sqrt{3}\right)a}$ et donc :

$$\boxed{CK = \frac{\left(\sqrt{2}+\sqrt{6}\right)a}{2\sqrt{3}}}$$

Dans le triangle *AHB* rectangle en *H*, on a $\cos 45 = \dfrac{BH}{AB}$, donc $AB = \dfrac{BH}{\cos 45} = \dfrac{2BH}{\sqrt{2}}$ ou encore, en multipliant par $\sqrt{2}$ le numérateur et le dénominateur de cette fraction : $AB = \sqrt{2}a$. De plus, $AK = AB - BK$, et, comme le triangle *BKC* est isocèle, $BK = CK$; en remplaçant : $AK = \sqrt{2}a - \dfrac{\left(\sqrt{2}+\sqrt{6}\right)a}{2\sqrt{3}}$. Cette écriture n'étant pas très agréable, on va essayer de la simplifier :

$$AK = \frac{2\sqrt{6}a - \left(\sqrt{2}+\sqrt{6}\right)a}{2\sqrt{3}}$$

$AK = \dfrac{\sqrt{6}a - \sqrt{2}a}{2\sqrt{3}}$; c'est mieux, mais pas encore bien ; multiplions par $\sqrt{3}$ le numérateur et le dénominateur :

$AK = \dfrac{\sqrt{18}a - \sqrt{6}a}{6}$ et donc :

$$\boxed{AK = \frac{\left(3\sqrt{2}-\sqrt{6}\right)a}{6}}$$

2. Dans le triangle rectangle *AKC*, on obtient alors :

$\cos 75 = \dfrac{AK}{AC}$ et on connaît ces deux longueurs :

$\cos 75 = \dfrac{\dfrac{\left(3\sqrt{2}-\sqrt{6}\right)a}{6}}{\dfrac{2a}{\sqrt{3}}} = \dfrac{\left(3\sqrt{2}-\sqrt{6}\right)a}{6} \times \dfrac{\sqrt{3}}{2a}$; on simplifie un peu :

$$\cos 75 = \frac{\left(3\sqrt{2}-\sqrt{6}\right)\sqrt{3}}{12}$$

$\cos 75 = \dfrac{3\sqrt{6}-\sqrt{18}}{12} = \dfrac{3\sqrt{6}-3\sqrt{2}}{12}$ et finalement :

$$\boxed{\cos 75 = \frac{\sqrt{6}-\sqrt{2}}{4}}$$

De plus, $\sin 75 = \dfrac{CK}{AC}$ et on remplace :

$$\sin 75 = \frac{\dfrac{\left(\sqrt{2}+\sqrt{6}\right)a}{2\sqrt{3}}}{\dfrac{2a}{\sqrt{3}}} = \frac{\left(\sqrt{2}+\sqrt{6}\right)a}{2\sqrt{3}} \times \frac{\sqrt{3}}{2a}$$ et on obtient :

$$\boxed{\sin 75 = \frac{\sqrt{2}+\sqrt{6}}{4}}$$

Devoir 19

Exercice 1

Partie A

x	0	$\pi/6$	$\pi/4$	$\pi/2$
$2\cos x$	2	$\sqrt{3}$	$\sqrt{2}$	0
$\cos 2x$	1	$1/2$	0	-1

Il est alors évident que, en général :

$$\boxed{\cos 2x \neq 2\cos x}$$

Partie B

1. Le triangle *ABC* est rectangle en *B*, donc le milieu de l'hypoténuse $[AC]$ est le centre du cercle circonscrit à *ABC*. $[IA]$, $[IB]$ et $[IC]$ sont trois rayons de ce cercle, et sont donc de même longueur. En d'autres termes :

$$\boxed{CIB \text{ est isocèle (en } I\text{)}}$$

On en déduit que les angles $\widehat{ICB}$ et $\widehat{IBC}$ sont égaux : $\widehat{ICB} = \widehat{IBC} = x$.
La somme des angles d'un triangle vaut π, donc $\widehat{CIB} = \pi - x - x$, soit :

$$\boxed{\widehat{CIB} = \pi - 2x}$$

L'angle $\widehat{CIA}$ vaut π, donc $\widehat{CIB} + \widehat{AIB} = \pi$; on en déduit que $\widehat{AIB} = \pi - \widehat{CIB} = \pi - (\pi - 2x)$ et donc :

$$\boxed{\widehat{AIB} = 2x}$$

2. On peut calculer $\cos x$ soit en utilisant le triangle *ABC* (rectangle en *B*), soit le triangle *BCH* (rectangle en *H*).

Dans le triangle *ABC*, on a $\cos x = \dfrac{BC}{AC}$. Or $AI = a$ et *I* est le milieu de $[AC]$, donc $AC = 2a$. Il vient alors : $\cos x = \dfrac{BC}{2a}$. On en déduit que $BC = 2a\cos x$.

Dans le triangle *BCH*, on a $\cos x = \dfrac{CH}{CB}$. On en déduit que $CH = BC\cos x$ et, en utilisant la relation $BC = 2a\cos x$, il vient :

$$\boxed{CH = 2a(\cos x)^2}$$

3. Dans le triangle *IHB* rectangle en *H*, on a :

$\cos 2x = \dfrac{IH}{IB}$. Or $IH = CH - CI = CH - a$ et $IB = a$, donc :

$$\boxed{\cos 2x = \frac{CH - a}{a}}$$

En remplaçant *CH* par l'expression trouvée à la question précédente, il vient :

$\cos 2x = \dfrac{2a(\cos x)^2 - a}{a}$ et, en simplifiant la fraction par a :

$$\boxed{\cos(2x) = 2(\cos x)^2 - 1}$$

4. Pour $x = \dfrac{\pi}{6}$, on a d'un côté $2(\cos x)^2 - 1 = 2\left(\cos\dfrac{\pi}{6}\right)^2 - 1$

$$= 2\left(\frac{\sqrt{3}}{2}\right)^2 - 1$$

$$= 2\frac{3}{4} - 1$$

$$= \frac{1}{2}.$$

D'un autre côté : $\cos(2x) = \cos\left(2\dfrac{\pi}{6}\right)$

$$= \cos\left(\frac{\pi}{3}\right)$$

$$= \frac{1}{2}.$$

$$\boxed{\text{on a bien } \cos\left(2\frac{\pi}{6}\right) = 2\left(\cos\frac{\pi}{6}\right)^2 - 1}$$

Pour $x = \dfrac{\pi}{4}$, on a d'un côté $2(\cos x)^2 - 1 = 2\left(\cos\dfrac{\pi}{4}\right)^2 - 1$

$$= 2\left(\frac{\sqrt{2}}{2}\right)^2 - 1$$

$$= 2\frac{2}{4} - 1$$

$$= 0.$$

D'un autre côté : $\cos(2x) = \cos\left(2\dfrac{\pi}{4}\right)$

$$= \cos\left(\frac{\pi}{2}\right)$$
$$= 0.$$

$$\boxed{\text{on a bien } \cos\left(2\frac{\pi}{4}\right) = 2\left(\cos\frac{\pi}{4}\right)^2 - 1}$$

5. Dans *IHC* rectangle en *H*, on a $\sin(2x) = \dfrac{BH}{IB} = \dfrac{BH}{a}$. D'autre part, dans *BHC* rectangle en *H*, on a $\sin x = \dfrac{BH}{BC}$, donc $BH = BC \sin x$ et on a vu que $BC = 2a\cos x$; en remplaçant : $BH = 2a\cos x \sin x$. Il vient alors $\sin(2x) = \dfrac{2a\cos x \sin x}{a}$ et donc :

$$\boxed{\sin(2x) = 2\cos x \sin x}$$

Partie C

Appliquons la formule démontrée à la question 3 ci-dessus à $x = \dfrac{\pi}{8}$:

$$\cos\left(2\frac{\pi}{8}\right) = 2\left(\cos\frac{\pi}{8}\right)^2 - 1$$

$$\cos\left(\frac{\pi}{4}\right) = 2\left(\cos\frac{\pi}{8}\right)^2 - 1$$

$\dfrac{\sqrt{2}}{2} = 2\left(\cos\dfrac{\pi}{8}\right)^2 - 1$. Il ne reste plus qu'à isoler $\cos\dfrac{\pi}{8}$:

$$\frac{\sqrt{2}}{2} + 1 = 2\left(\cos\frac{\pi}{8}\right)^2$$

$$\frac{\sqrt{2}+2}{2} = 2\left(\cos\frac{\pi}{8}\right)^2$$

$\dfrac{\sqrt{2}+2}{4} = \left(\cos\dfrac{\pi}{8}\right)^2$. Il vient alors :

$\cos\dfrac{\pi}{8} = \sqrt{\dfrac{\sqrt{2}+2}{4}}$ ou $\cos\dfrac{\pi}{8} = -\sqrt{\dfrac{\sqrt{2}+2}{4}}$.

Or $\dfrac{\pi}{8} \in \left[0\ ;\ \dfrac{\pi}{2}\right]$, donc le point représentant $\dfrac{\pi}{8}$ sur le cercle trigonométrique est situé dans le premier quart de plan, celui correspondant à des abscisses et des ordonnées positives. Par conséquent, $\cos\dfrac{\pi}{8} > 0$ et donc :

$$\boxed{\cos\frac{\pi}{8}=\sqrt{\frac{\sqrt{2}+2}{4}}}$$

(ce qu'on peut aussi écrire $\cos\frac{\pi}{8}=\frac{\sqrt{\sqrt{2}+2}}{2}$)

Appliquons la formule démontrée à la question 5 ci-dessus à $x=\frac{\pi}{8}$:

$\sin\left(2\times\frac{\pi}{8}\right)=2\cos\frac{\pi}{8}\sin\frac{\pi}{8}$, c'est-à-dire $\sin\frac{\pi}{4}=2\cos\frac{\pi}{8}\sin\frac{\pi}{8}$. On connaît les valeurs de $\sin\frac{\pi}{4}$ et de $\cos\frac{\pi}{8}$:

$\frac{\sqrt{2}}{2}=2\frac{\sqrt{\sqrt{2}+2}}{2}\sin\frac{\pi}{8}$; on simplifie et on isole $\sin\frac{\pi}{8}$:

$\sin\frac{\pi}{8}=\frac{\sqrt{2}}{2\sqrt{\sqrt{2}+2}}$ ou encore, en multipliant numérateur et dénominateur par $\sqrt{2}$:

$$\boxed{\sin\frac{\pi}{8}=\frac{1}{\sqrt{\sqrt{2}+4}}}$$

(Ce qu'on peut transformer en $\sin\frac{\pi}{8}=\frac{\sqrt{2-\sqrt{2}}}{2}$ avec quelques calculs supplémentaires).

On aurait aussi pu utiliser la relation $\cos^2\frac{\pi}{8}+\sin^2\frac{\pi}{8}=1$ pour déterminer $\sin\frac{\pi}{8}$ à partir de $\cos\frac{\pi}{8}$.

Devoir 20

✍ Exercice 1

1. Si les droites (IJ) et (BC) étaient coplanaires, alors les points *I*, *J*, *B* et *C* le seraient également, et par suite les droites (IB) et (JC) seraient soit parallèles, soit sécantes. Or ces deux droites sont en fait deux arêtes du tétaèdre, elles ne sont donc ni sécantes, ni parallèles (c'est-à-dire non coplanaires). Ce raisonnement par l'absurde permet de conclure que :

$$\boxed{(IJ) \text{ et } (BC) \text{ ne sont pas coplanaires}}$$

Les droites (IJ) et (CD) sont sécantes (en *J*), donc :

$$\boxed{(IJ) \text{ et } (CD) \text{ sont coplanaires}}$$

Si les droites (IK) et (AD) étaient coplanaires, alors les points *I*, *K*, *A* et *D* seraient coplanaires, c'est-à-dire que *K* appartiendrait au plan (AID), qui n'est autre que le plan (ABD). Or $K \notin (ABD)$, donc :

$$\boxed{(IK) \text{ et } (AD) \text{ ne sont pas coplanaires}}$$

2. Les plans (ABJ) et (CDI) n'étant pas parallèles, leur intersection est une droite ; pour la déterminer, il suffit de déterminer deux points sur cette droite, donc deux points appartenant à ces deux plans.
Or $I \in (CDI)$ par définition, et $I \in (AB)$ donc $I \in (ABJ)$.
De plus, $J \in (ABJ)$ par définition, et $J \in (CD)$ donc $J \in (CDI)$.
I et *J* sont donc tous les deux dans les deux plans, et donc :

$$\boxed{(ABJ) \cap (CDI) = (IJ)}$$

C'est le même principe que ci-dessus. On a déjà $A \in (ABK)$ et $A \in (ACD)$. Considérons alors le point *M*, intersection des droites (BK) et (CD). $M \in (BK)$ donc $M \in (ABK)$, et $M \in (CD)$ donc $M \in (ACD)$. *M* appartient donc aux deux plans, et, par suite :

$$\boxed{(ABK) \cap (ACD) = (AM)}$$

De même pour l'intersection des plans (AJK) et (ABC) : on a déjà le point A, et il suffit alors de considérer le point N, intersection des droites (JK) et (BC) : N appartient clairement aux plans (AJK) et (ABC) et donc :

$$\boxed{(AJK)\cap(ABC)=(AN)}$$

✍ Exercice 2

1. Une figure s'impose :

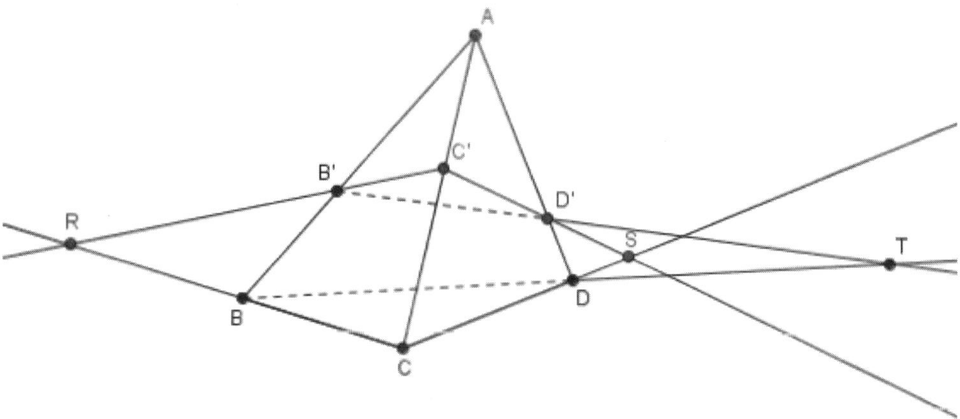

Les quatre points B, C, B' et C' sont coplanaires (sur la face ABC), donc les droites $(B'C')$ et (BC) sont parallèles ou sécantes. Comme elles ne sont pas parallèles par hypothèse :

$$\boxed{(B'C') \text{ et } (BC) \text{ sont sécantes}}$$

De la même façon, $(C'D')$ et (CD) sont sécantes, ainsi que $(B'D')$ et (BD).

On peut envisager plein de façons différentes de montrer que trois points sont alignés ; une façon de faire est de montrer que les trois appartiennent à une même droite et, dans un contexte de géométrie dans l'espace, une droite peut être définie comme intersection de deux plans. Si on arrive à prouver que R, S et T appartiennent tous les trois à deux mêmes plans, on aura gagné.

Considérons alors les plans (BCD) et $(B'C'D')$. $R\in(BC)$, donc $R\in(BCD)$, et $R\in(B'C')$, donc $R\in(B'C'D')$. R appartient donc aux deux plans (BCD) et $(B'C'D')$. De la même façon, $S=(CD)\cap(C'D')$, donc $S\in(BCD)\cap(B'C'D')$, et $T=(BD)\cap(B'D')$ donc $T\in(BCD)\cap(B'C'D')$.

R, S et T sont donc tous les trois sur l'intersection des plans (BCD) et $(B'C'D')$, et donc :

$$\boxed{R,\ S \text{ et } T \text{ sont alignés}}$$

2. Là aussi, une figure permet d'y voir clair :

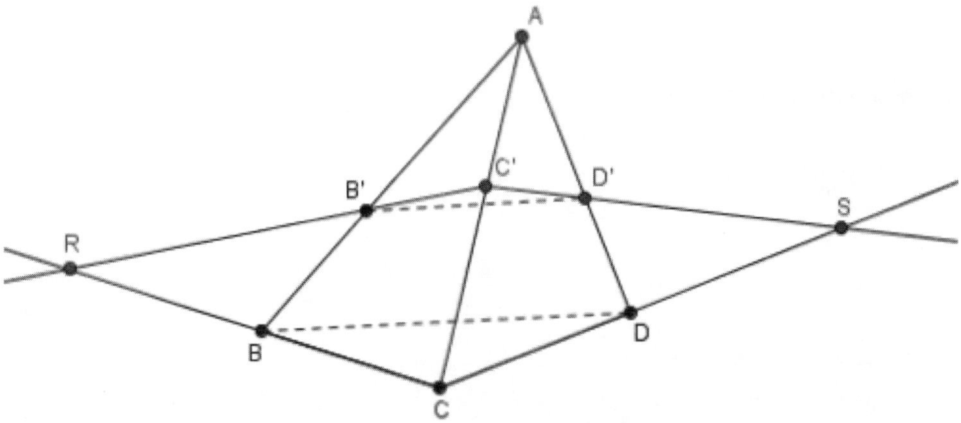

Pour prouver que deux droites sont parallèles, on peut montrer que l'une des deux est l'intersection de deux plans parallèles à la deuxième droite. Il y a plusieurs solutions, mais la plus simple est de considérer la droite (RS) comme intersection des plans (BCD) et $(B'C'D')$, et il restera à montrer que chacun de ces deux plans est parallèle à (BD). Allons-y :

D'une part, $R \in (BC)$, donc $R \in (BCD)$, et $R \in (B'C')$, donc $R \in (B'C'D')$, et donc $R \in (BCD) \cap (B'C'D')$. De même, $S \in (BCD) \cap (B'C'D')$, si bien que $(RS) = (BCD) \cap (B'C'D')$.

D'autre part, le plan (BCD) contient la droite (BD), donc lui est parallèle. De plus, le plan $(B'C'D')$ contient la droite $(B'D')$ qui est parallèle à la droite (BD), donc $(B'C'D')$ est parallèle à (BD).

Les deux plans (BCD) et $(B'C'D')$ sont parallèles à la droite (BD), donc leur intersection aussi, si bien que :

$$\boxed{(RS) // (BD)}$$

On sait déjà que les deux plans (ARS) et (ABD) ne sont pas parallèles (ils contiennent tous les deux le point A), leur intersection est donc une droite (passant par A). Or (ARS) est parallèle à (BD) (puisqu'il contient la droite (RS) qui est parallèle à (BD)), et (ABD) est aussi parallèle à (BD) (puisqu'il la contient), donc leur intersection est elle aussi parallèle à (BD), ce qui suffit à la caractériser :

$$\boxed{(ARS)\cap(ABD) \text{ est la droite passant par } A \text{ et parallèle à } (BD)}$$

Exercice 3

1. On admet que le triangle *IBJ* est rectangle en *B*, on peut donc lui appliquer le théorème de Pythagore : $IJ^2 = IB^2 + BJ^2$. Or $IB = AB - AI = 1 - x$ et on peut déterminer BJ^2 en utilisant à nouveau le théorème de Pythagore dans le triangle *BCJ* rectangle en C : $BJ^2 = BC^2 + CJ^2$. Avec $BC^2 = 1^2 = 1$ et $CJ^2 = x^2$, il vient $BJ^2 = 1 + x^2$ puis, en remplaçant dans $IJ^2 = IB^2 + BJ^2$: $IJ^2 = (1-x)^2 + 1 + x^2$ et enfin, en développant (ce qui sera pratique dans la suite) : $IJ^2 = 1 - 2x + x^2 + 1 + x^2$ et finalement :

$$\boxed{IJ^2 = 2x^2 - 2x + 2}$$

2. Il n'y a qu'à appliquer la formule rappelée :

$A(x) = \frac{\sqrt{3}}{4} IJ^2 = \frac{\sqrt{3}}{4}\left(2x^2 - 2x + 2\right)$ ce qu'on peut développer :

$$\boxed{A(x) = \frac{\sqrt{3}}{2}x^2 - \frac{\sqrt{3}}{2}x + \frac{\sqrt{3}}{2}}$$

On reconnaît dans $A(x)$ un trinôme de coefficient dominant égal à $\frac{\sqrt{3}}{2} > 0$; son extremum (sur $\mathbb{R}$) est donc un minimum, atteint en $x = -\frac{-\frac{\sqrt{3}}{2}}{2\times\frac{\sqrt{3}}{2}} = \frac{1}{2}$, et cette valeur est bien dans l'intervalle $[0 ; 1]$, donc :

$$\boxed{A(x) \text{ est minimale lorsque } x = \frac{1}{2}}$$

Devoir 21

✍ Exercice 1

1.

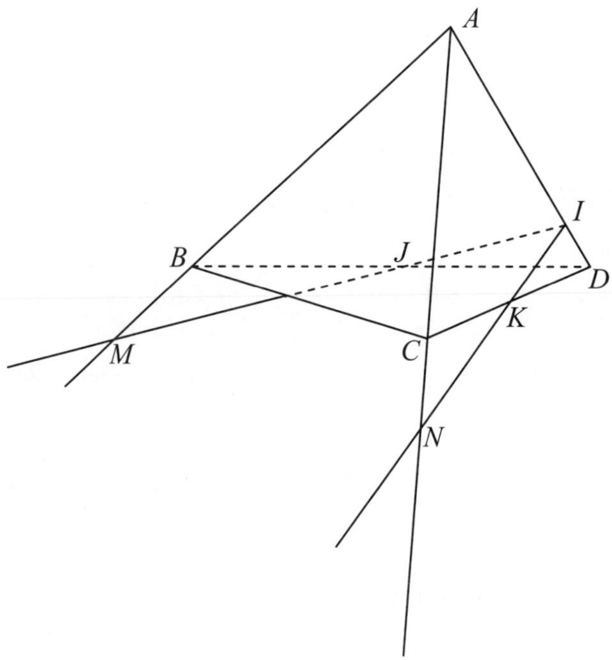

2. Les points A, B, I et J étant coplanaires (tous les quatre appartiennent à la face ABD), les droites (AB) et (IJ) sont coplanaires, donc sont sécantes ou parallèles. Si (AB) et (IJ) étaient parallèles, alors, comme J est le milieu de $[BD]$, I serait le milieu de $[AD]$ (réciproque du théorème des milieux), ce qui est contraire à l'hypothèse. (AB) et (IJ) ne sont donc pas parallèles, et donc :

$$\boxed{(AB) \text{ et } (IJ) \text{ sont sécantes}}$$

3. De la même façon, (AC) et (IK) étant coplanaires, elles sont parallèles ou sécantes ; or elles ne sont pas parallèles (sinon I serait le milieu de $[AD]$), donc :

$$\boxed{(AC) \text{ et } (IK) \text{ sont sécantes}}$$

4. La réponse peut sembler relativement évidente à celui qui arrive bien à voir les figures dans l'espace ; cela ne saurait dispenser d'une démonstration rigoureuse.
On sait que deux plans sont soit parallèles, soit sécants, et qu'alors leur intersection est une droite. Dans ce cas, il suffit de trouver deux points sur cette droite pour la déterminer, donc de trouver deux points se trouvant dans l'intersection des deux plans considérés.
D'une part, M appartient à (AB), donc appartient au plan (ABC) ; M appartient aussi à (IJ), donc appartient au plan (IJK). M appartient donc à l'intersection des plans (ABC) et (IJK) (ce qui prouve que les deux plans ne sont pas parallèles).
D'autre part, N appartient à (ABC) et appartient aussi à (IJK), donc appartient à l'intersection des plans (ABC) et (IJK).
Les deux points M et N appartiennent à l'intersection de (ABC) et (IJK), donc :

$$\boxed{\text{l' intersection des plans } (ABC) \text{ et } (IJK) \text{ est la droite } (MN)}$$

5. Pour prouver qu'une droite est parallèle à un plan, il suffit de prouver qu'elle est parallèle à une droite de ce plan.
J est le milieu de $[BD]$ et K est le milieu de $[CD]$ donc, d'après le théorème des milieux, $(JK)//(BC)$. Or (BC) est une droite du plan (ABC), donc :

$$\boxed{(JK) \text{ est parallèle à } (ABC)}$$

6. Plusieurs démonstrations sont possibles ; le plus simple est d'utiliser le fait que la droite (MN) est l'intersection des plans (ABC) et (IJK). Il suffit alors de prouver que la droite (BC) est parallèle à chacun des plans (ABC) et (IJK).
Il est évident que $(BC)//(ABC)$ (toute droite incluse dans un plan est parallèle à ce plan). D'autre part, on a démontré que $(JK)//(BC)$, donc (BC) est parallèle à tout plan contenant (JK), notamment au plan (IJK).
$(BC)//(ABC)$ et $(BC)//(IJK)$, donc (BC) est parallèle à l'intersection de ces deux plans, c'est-à-dire :

$$\boxed{(BC)//(MN)}$$

Exercice 2

1. La connaissance de la valeur de l'angle cherché dépend essentiellement du triangle BEG ; c'est donc l'étude de ce triangle (et, plus particulièrement, le calcul des longueurs de ses côtés) qui fournira la réponse.
Il s'agit là encore d'un problème de géométrie plane (et de trigonométrie) plus que de géométrie dans l'espace à proprement parler.

Considérons pour commencer le rectangle $BCGF$. La diagonale (BG) forme un angle de 45° avec l'un des côtés, donc ce rectangle est en fait un carré. On en déduit dans un premier temps que $BG = a\sqrt{2}$ (formule classique), mais aussi que $BF = BC = a$.

Considérons maintenant le triangle rectangle BFE. On a $\cos 60° = \dfrac{BF}{BE}$, donc

$BE = \dfrac{BF}{\cos 60°} = \dfrac{a}{\frac{1}{2}}$ et donc $BE = 2a$.

Enfin, pour déterminer la longueur EG, on peut appliquer le théorème de Pythagore dans le triangle EFG (rectangle en F), à condition de connaître les longueurs EF et FG, ce qui ne devrait pas être trop difficile :

Dans EFB, on a $\sin 60° = \dfrac{EF}{EB}$, donc $EF = EB \sin 60° = 2a\dfrac{\sqrt{3}}{2} = a\sqrt{3}$.

D'autre part, on a vu que $BCGF$ était un carré, donc $FG = BC = a$.

Revenons alors au triangle EFG :

$EG^2 = EF^2 + FG^2$

$EG^2 = \left(a\sqrt{3}\right)^2 + a^2$

$EG^2 = 4a^2$ et donc $EG = 2a$.

La situation est alors la suivante :

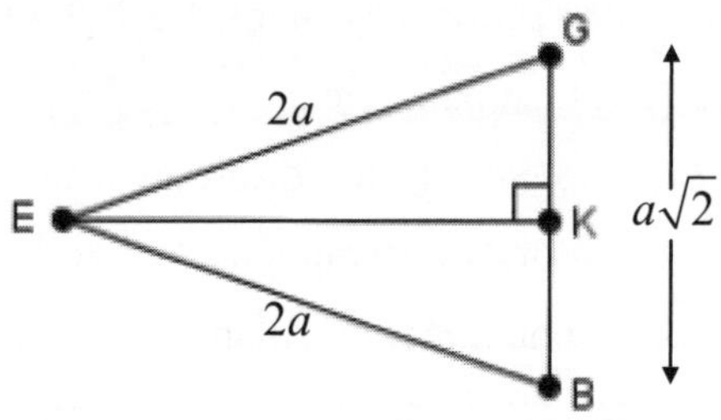

Le triangle EBG est isocèle (en E), si bien que le milieu K de $[BG]$ est aussi le pied de la hauteur issue de E, d'où l'angle droit. On obtient alors :

$\cos \widehat{GBE} = \dfrac{BK}{BE}$, donc $\cos \widehat{GBE} = \dfrac{a\frac{\sqrt{2}}{2}}{2a} = \dfrac{\sqrt{2}}{4}$. Une calculatrice fournit alors le résultat demandé :

$$\boxed{\widehat{GBE} \simeq 69{,}3°}$$

2. Il y a en tout quatre paires face / hauteur, donc *a priori* quatre façons de calculer le volume V de la pyramide $FEGB$. Deux vont suffire :

1ère façon : on considère la face BGF et la hauteur associée EF. On sait déjà que $EF = a\sqrt{3}$, et l'aire du triangle rectangle BGF est vaut $\frac{1}{2}a \times a = \frac{a^2}{2}$. On en déduit le volume de la pyramide : $V = \frac{1}{3}\text{aire}(BGF) \times EF = \frac{1}{3} \times \frac{a^2}{2} \times a\sqrt{3}$, d'où $V = \frac{a^3\sqrt{3}}{6}$.

2ème façon : on considère la face EBG et la hauteur associée issue de F, dont on recherche la longueur l. L'aire du triangle isocèle EBG vaut $2 \times \text{aire}(EBK) = 2 \times \frac{1}{2} BK \times EK$. Reste à calculer EK, grâce au théorème de Pythagore dans le triangle rectangle EBK par exemple :

$$EK^2 = EB^2 - BK^2$$

$$EK^2 = (2a)^2 - \left(a\frac{\sqrt{2}}{2}\right)^2$$

$$EK^2 = \frac{7}{2}a^2$$

$$EK = \frac{\sqrt{7}}{\sqrt{2}}a.$$

L'aire de la face EBG vaut alors $2 \times \text{aire}(EBK) = 2 \times \frac{1}{2} a \frac{\sqrt{2}}{2} \times \frac{\sqrt{7}}{\sqrt{2}} a$ et, après simplifications :

$$\text{aire}(EBG) = \frac{\sqrt{7}}{2}a^2.$$

Le volume V de la pyramide est alors donné par : $V = \frac{1}{3}\text{aire}(EBG) \times l = \frac{\sqrt{7}}{6}a^2 \times l$.

De ces deux calculs, on déduit que $\frac{a^3\sqrt{3}}{6} = \frac{\sqrt{7}}{6}a^2 \times l$; en simplifiant : $a\sqrt{3} = \sqrt{7}l$ et finalement :

$$\boxed{l = a\sqrt{\frac{3}{7}}}$$

CPI
AUBIN IMPRIMEUR

Achevé d'imprimer en juillet 2012
N° d'impression 1207.0084
Dépôt légal, août 2012
Imprimé en France